図解 即 戦力

豊富な図解と丁寧な解説で、
知識0でもわかりやすい！

Web技術が

しっかりわかる
これ
1冊で 教科書

鶴長鎮一
Shinichi Tsurunaga

技術評論社

はじめに

　2021年現在、世界には12億を超えるWebサイトが存在すると言われています。Webは日々の生活に深く浸透し、社会インフラとして欠かせないものとなっています。たとえば、最近ではソーシャルゲームやSNSに時間を投じている読者も少なくないと思いますが、ここにもWebをベースにした技術が使われています。Web技術は、デザイナー、アプリケーション開発者、サーバーエンジニアなど、多くの方にとって重要なテーマです。

　本書は、技術的なトピックで章を分けています。気になるところから読んでいだいても、1章から順番に読み進めていただいても、どちらでも内容をご理解いただけるように努めました。1章ではWeb技術全般に関する事項を説明して、この後に続く各章への足がかりとなるようWeb技術の概要をまとめています。Web技術の全貌を明らかにする際は、まずは1章で、どんな技術要素があるのか理解しましょう。

　本書の執筆にあたっては、公式に発表されている資料をはじめ、現場のエンジニアやユーザーの方々がまとめているブログや記事なども参考にさせていただきました。Web技術がここまで発展した背景には、こうしたエンジニアやユーザーの活躍があります。Web技術の発展に寄与された皆様に感謝申し上げます。

2021年8月

鶴長 鎮一

目次　Contents

1章
Web技術の概要

1-1　Web技術とは 10

1-2　インターネットの誕生 13

1-3　Webの誕生 16

1-4　Webページが表示されるまで 19

1-5　Webシステムを構成する重要な3要素 21

2章
Webを支えるネットワーク技術

2-1　プロトコルとは 24

2-2　プロトコルの標準化 27

2-3　階層化・OSI参照モデル 29

2-4　イーサネットとMACアドレス 31

2-5　IPプロトコルの基本 33

2-6　TCP 35

2-7　TCPの信頼性を上げるしくみ 37

2-8　IPアドレス —— IPv4アドレス 39

2-9　IPアドレス —— IPv6アドレス 43

2-10　ARP 47

2-11　DNS 49

3章

HTTP —— Web技術の基本プロトコル

3-1 HTTPとは 54

3-2 HTTPのバージョンと歴史 56

3-3 HTTPリクエスト・HTTPレスポンス 61

3-4 ステートレスプロトコル 64

3-5 HTTPメッセージ 67

3-6 リクエストメッセージ 69

3-7 レスポンスメッセージ 76

3-8 転送効率を上げるしくみ —— HTTPキープアライブ、パイプライン処理 82

3-9 転送効率を上げるしくみ —— 圧縮転送、データ分割転送 85

4章

HTTPS・HTTP/2 —— HTTPの拡張プロトコル

4-1 HTTPのセキュリティ機能の問題点 90

4-2 HTTPSへの対応 93

4-3 HTTPSのしくみ 97

4-4 サーバー証明書とは 101

4-5 サーバー証明書の入手 104

4-6 なりすましと改ざんの防止 112

4-7 HTTP/2の誕生 115

4-8 HTTP/2の特徴 118

4-9 HTTP/2の普及と課題 128

5章
URIとURL
── Webコンテンツにアクセスするしくみ

5-1	URLとは	132
5-2	URIとURL	134
5-3	URLの構文	136
5-4	URLに使える文字列・文字長	139
5-5	絶対URL・相対URL	142
5-6	パーセントエンコーディング・Punycode	145
5-7	短縮URL・ワンタイムURL	147
5-8	URLのQRコード化	149
5-9	URLによるSEO対策	151

6章
サーバーの役割と機能

6-1	Webシステムの高速化・大規模化	154
6-2	プロキシサーバー	157
6-3	クライアントサイドキャッシング	162
6-4	サーバーサイドキャッシング	165
6-5	ロードバランサー	167
6-6	より高度な負荷分散	171
6-7	CDN	174
6-8	仮想化とクラウド	177

6-9　サーバーレスアーキテクチャ 182

6-10　コンテナ型仮想化技術 184

7章

Webコンテンツの種類

7-1　ハイパーリンクとHTML 188

7-2　HTMLタグ 190

7-3　HTMLの基本構造 192

7-4　HTMLの互換性 196

7-5　CSS 200

7-6　静的コンテンツ・動的コンテンツ 204

7-7　XML 207

7-8　JSON 211

8章

HTML5の基礎知識

8-1　HTML5とは 216

8-2　HTML5のセクショニング 219

8-3　HTML5で追加されたAPI 222

8-4　Web Audio API 224

8-5　WebGL API 226

8-6　WebRTC 228

8-7　WebSocket 230

9章
Webアプリケーション

9-1 Webアプリケーションのしくみ ⋯⋯⋯⋯⋯⋯⋯⋯ 234

9-2 データベース ⋯⋯⋯⋯⋯⋯⋯⋯⋯⋯⋯⋯⋯⋯⋯ 238

9-3 MVCアーキテクチャー ⋯⋯⋯⋯⋯⋯⋯⋯⋯⋯ 243

9-4 Webアプリケーションフレームワーク ⋯⋯⋯⋯ 246

9-5 CMS ⋯⋯⋯⋯⋯⋯⋯⋯⋯⋯⋯⋯⋯⋯⋯⋯⋯⋯ 248

索引 ⋯⋯⋯⋯⋯⋯⋯⋯⋯⋯⋯⋯⋯⋯⋯⋯⋯⋯⋯⋯⋯ 251

Web技術の概要

本書ではWeb技術全般について解説していきますが、その前にWeb技術とはどういうものか、その概要や歴史について見ていきましょう。

01 Web技術とは

日常のあらゆるところで使われ、インフラと化したWebシステム。その屋台骨を支えているのがWeb技術です。Webシステムを実現するには、さまざまな技術が必要です。Webシステムを支えるWeb技術がどのようなものなのか見ていきましょう。

● あらゆる用途に活用されるWebシステム

　現在では、スマホでのSNSチェックから企業間の重要な商取引まで、Webシステムはさまざまな用途で利用され、日々の生活に欠かせないものとなっています。

　ここまでWeb技術が使われるようになったのも、その誕生から基本的なしくみがシンプルなもので、かつ大きく変わることなく発展を続けているためです。

■ ブラウザーでWebページを閲覧

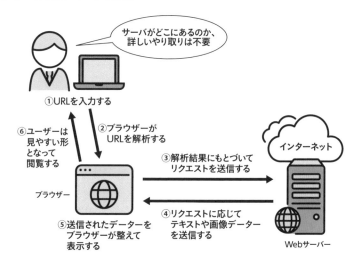

◉ Web技術とは

　Web技術とは、**Webシステムを実現するために必要な技術の総称**です。本来はコンピューターやネットワーク、それらを制御するソフトウェアやプロトコルなども含まれ、その対象は非常に広範囲にわたります。一般的には、Webサーバーやブラウザーなどを使って実現されるシステムに限って呼ぶこともあります。

■ さまざまな技術要素をまとめてWeb技術と呼ぶ

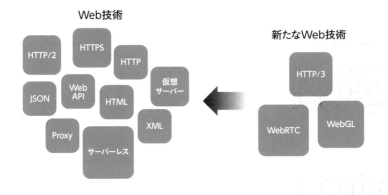

◉ ブラウザーとは

　ブラウザーとは、Webページを閲覧するために利用するツールです。現在ではPCやスマホに標準でインストールされているため、誰でも手軽に利用できるようになっています。

　専用ツールが必要なソフトウェアと比べると、利用する場合もアプリケーションを開発する場合もコストがかからず、またインターネット上でサービスを展開することも可能になります。

■ ブラウザーで汎用性の高いシステムを実現

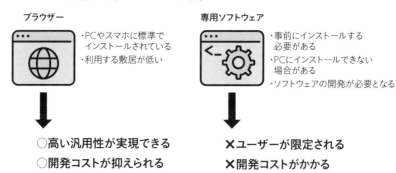

ブラウザー
・PCやスマホに標準で
インストールされている
・利用する敷居が低い

専用ソフトウェア
・事前にインストールする
必要がある
・PCにインストールできない
場合がある
・ソフトウェアの開発が必要となる

○高い汎用性が実現できる
○開発コストが抑えられる

✕ユーザーが限定される
✕開発コストがかかる

ブラウザーを利用しないWebシステム

Webというとブラウザーを思い浮かべる人が多いかもしれませんが、ブラウザーを利用しないWebシステムもたくさん存在します。

たとえば、ソーシャルゲームアプリやスマホアプリなどはブラウザーではなく専用アプリで利用しますが、裏側ではWeb技術の **Web API** (Application Programming Interface) を活用しています。Web APIについては**8-3**を参照してください。

■ ブラウザーとAPIによるWebシステム

ユーザーインターフェイスとして

リクエスト →
← HTMLや画像など

ブラウザー   Webサーバー

APIとして

リクエスト →
← XMLやJSONなど

プログラム   Webサーバー

02 インターネットの誕生

Web技術は、インターネットと切り離して考えることはできません。混同されがちなWebとインターネットですが、当初の開発目的は異なっていました。ここでは、インターネットが誕生した経緯をかんたんに見ていきましょう。

● インターネット以前のネットワーク

インターネットが普及する前は、コンピューター同士の通信にさまざまな方式が用いられていました。

たとえば企業内で販売管理や発注管理を行うシステムや、銀行の預貯金管理システムやATMなどのシステムは、インターネットを利用することなく専用回線と専用通信方式でシステムが構成されていました。

インターネットが存在していない時代はこれが当たり前であり、コンピューター同士を接続する場合は、専用端末や専用回線、また専用の通信方式で行っていました。

コンピューターが普及するにつれて、どんなコンピューターも接続でき、かつさまざまなサービスに対応した、汎用性の高いコンピューターネットワークが求められるようになりました。

コラム　インターネットの軍事利用に関する誤解

「インターネット」のルーツとなったARPANETは、米国の国防総省傘下にあったARPA (Advanced Research Projects Agency) の資金援助により開発されました。そのため、インターネットが軍事利用を目的に開発されたと誤解されがちですが、実際は汎用性の高い新しいネットワークの開発が目的でした。

DARPAと改称された現在でも、さまざまな研究への資金提供を行っており、対象となる研究はすべて一般から公募されています。

■ インターネット以前のネットワーク

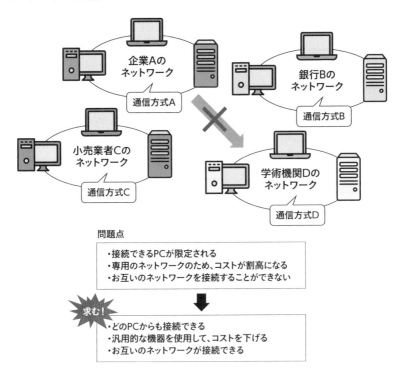

● ARPANET

アメリカの軍関係の組織であるARPA（アーパ）は、1969年に、カリフォルニア大学ロサンゼルス校（UCLA）、スタンフォード研究所（SRI）、カリフォルニア大学サンタバーバラ校（UCSB）、ユタ大学（Utah）の4ヵ所を結んだ**ARPANET**（アーパネット）を開設しました。

その後、ARPANETは、大学以外の組織やアメリカ以外の組織などにそのネットワークを広げて規模を拡大し、現在のインターネットへと発展していきます。

なお、現在ではインターネットへの接続にルーターという機器を使用しますが、その当時のネットワークでは、IMP (Interface Message Processor) と呼ばれる機器でパケットの転送などを行っていました。

■ ARPANET

ARPAという軍事関連の組織から研究開発費の提供を受けて……

スタンフォード研究所　　ユタ大学

UCSB　　UCLA

1969年
インターネットのもととなる
ARPANETが誕生！

目的
・さまざまな種類のコンピューターを同じネットワーク上で接続を可能にする
・汎用性の高い新しい通信方式の開発

※UCSB（カリフォルニア大学サンタバーバラ校）　UCLA（カリフォルニア大学ロサンゼルス校）

● 通信プロトコルの共通化

　ARPANETのネットワークの規模が大きくなるにつれ、通信の決まりごとである**プロトコル**を決める必要が出てきました。そこで1982年に通信プロトコルとして**TCP/IP**を採用することになり、その後インターネットは世界レベルのネットワークへと発展していきます。

■ インターネットが世界各地と接続

バークレー校　ゼロックス　ユタ大学
研究所
ハワイ大学
スタンフォード
大学
UCLA

ランド研究所

ハーバード大学

国防総省

ロンドン

・通信プロトコルにTCP/IPを採用
・軍関係のネットワークを切り離し、
　米国内のみならず世界各地のネットワークと接続

➡ **インターネットへと発展**

03 Webの誕生

1-2では、インターネットがどんなコンピューターでも接続できるネットワークを目的として開発されたことを解説しましたが、ここでは、Webの誕生の経緯などについて見ていきましょう。

● Webの誕生

　Webシステムの起源は、1989年にティム・バーナーズ＝リー氏が行った提案とされています。この中で世界中の大学や研究所で働いている研究者たちが場所が離れていても情報や知識を共有できるようなシステムとして**WWW**（World Wide Web）を考案しました。なお、**本書ではWWWをWebという表記で解説を進めています。**

　翌年の1990年により具体的な提案がなされ、その年の年末に世界初のWebサーバーとブラウザーがNeXTワークステーション上に実装されました。

● ハイパーテキスト

　WWWには複数のドキュメントを相互に関連付ける**ハイパーテキスト**の概念が取り入れられました。内容を見たいドキュメントの参照先であるURLを埋め込んだ**ハイパーリンク**によって、インターネット上に散らばったドキュメントを相互に結びつけ、リンクをたどって次々と文書を表示できるようになりました。

　現在私達が、Webページ内のハイパーリンクをクリックすることで、次々と別のWebページに移動できるのは、こうしたハイパーリンクによるものです。

　Webページ同士がハイパーリンクでつながることで、世界中のあらゆるWebページがつながっています。1つ1つのWebページに表示される情報量は小さくても、Webシステム全体では膨大な情報量になり、私たちはあらゆる情報を得ることができるのです。

■ ハイパーリンクにより巨大なWebシステムに

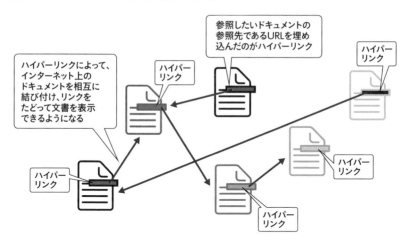

● ブラウザーの登場

　当初WWWは文字情報を扱うだけの単純なものでしたが、1993年にNCSA（アメリカ国立スーパーコンピューター応用研究所）によって、現在のブラウザーの基礎となる**Mosaic**が開発されました。

　1990年代初頭のインターネットにおいては、メールやネットニュースなどテキストベースのサービスが中心でした。画像ファイルの閲覧や音声ファイルの再生を行うには、大変手間のかかる作業が必要でしたが、Mosaicの登場でこれらの作業がかんたんに行えるようになりました。

　また同時にCERN HTTPdやNCSA HTTPdなどの**Webサーバー用デーモン**（バックグラウンドで動作するソフトウェア）も無料で配布され、世界中にWebサーバーが構築されるようになりました。

■ Webサーバーソフトウェアの普及

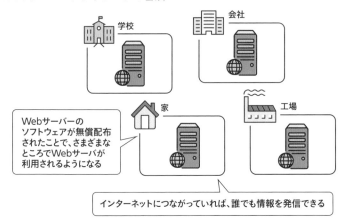

学校

会社

Webサーバーの
ソフトウェアが無償配布
されたことで、さまざまな
ところでWebサーバが
利用されるようになる

家

工場

インターネットにつながっていれば、誰でも情報を発信できる

● PCの普及とともに広がったWebシステム

1990年代中頃までは、Webの利用には高価なワークステーションが必要で
あったため、利用者は限定されていました。しかし1995年にTCP/IPを実装し
た**Windows 95**が発売されたことで、一般の人たちにもWebを利用する機会
ができ、それ以降Webは爆発的な普及と進化をとげていきます。

コラム　世界最初のブラウザー

1990年、スイスの欧州原子核研究機構（CERN）に勤めていたティム・
バーナーズ＝リー氏は、クリスマス休暇を利用して、世界初のサーバー
とブラウザーを、NeXTワークステーション上に実装しました。NeXT
ワークステーションは、Apple社を創業したスティーブ・ジョブズが
Apple社を辞めた後の1985年に創業したNeXT社により開発された高
性能なコンピューターです。

翌年には、NeXTワークステーション以外のコンピューターでも使え
るようにとラインモードブラウザーが開発されました。世界最初の
Webサイトとなった「http://info.cern.ch/」には、当時のラインモード
ブラウザーを再現したWebページが用意されています。

04 Webページが表示されるまで

ブラウザーでWebサイトのURL（アドレス）を指定することで、Webページを閲覧することができます。ここでは、Webページが表示される過程を見ていきましょう。

● Webページが表示されるしくみ

インターネットに接続したPCやスマートフォンでブラウザーを起動し、「https://gihyo.jp/」というように、**URL**（Uniform Resouce Locator）」と呼ばれるWebサイトのアドレスを指定すると、以下のようなプロセスが実行されます。

①WebサーバーにHTTPリクエストが送信される
②リクエストを受信したWebサーバーがリクエストに応じてコンテンツを読み出す
③サーバーで処理されたコンテンツがブラウザーに返される
④ブラウザーが受信したコンテンツを解析して画面に表示する

Webページは、複数のコンテンツによって成り立っています。**HTMLファイル**と呼ばれるWebページの内容を記述したテキストベースのファイル、**スタイルシート**（Cascading Style Sheets、CSS）と呼ばれるWebページのデザインやスタイルを指定したファイル、画像や動画などです。

Webページの表示に複数の画像や関連する他のコンテンツも必要であるとブラウザーが判断した場合は、再度リクエストをWebサーバーに送ってデータを受け取ります。

Webページの表示にどのようなコンテンツが必要になるかは、HTMLファイルに記述されています。ブラウザーでHTMLファイルを解析し、他に必要なコンテンツがあるかどうか判断します。

■ Webページが表示されるしくみ

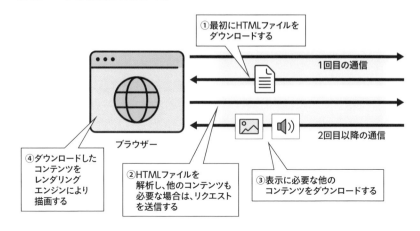

ブラウザーの役割

　ブラウザーでは、サーバーから最初に受け取るHTMLファイルの内容を確認し、その内容に応じて必要なデータをサーバーに要求します。

　サーバーから受け取ったデータを元にグラフィック化して画面に表示する機能を**レンダリング**と呼びます。

　2021年現在の主なブラウザーを以下の表に挙げています。これらのブラウザーの違いはレンダリングのコアになっている**レンダリングエンジン**に依るところが大きく、表示スピードやHTMLやCSSの解釈が若干異なります。そのため同じWebページを開いたとしても、表示が異なる場合がありますので、Webページ制作の際は、ブラウザーの差異に注意する必要があります。

■ 主なブラウザー

ブラウザー	提供元	レンダリングエンジン
Microsoft Edge	Microsoft社	Blink（2020年以降）
Google Chrome	Google社	Blink
Safari	Apple社	WebKit
Mozilla Firefox	Mozilla Foundation	Gecko

05 Webシステムを構成する重要な3要素

その誕生以来、Webシステムには、URL、HTTP、HTMLという3つの要素が一貫して使われています。Web技術の理解に重要となるこれらの3要素について解説します。

◉ Webシステムの重要な3要素

Webシステムを理解する上でまず押さえておくべき、Webを支える3つの重要な要素があります。それは**URL**、**HTTP**、**HTML**です。これら3つの要素によって成立しているといってよいほど、Webシステムはシンプルでわかりやすいしくみになっています。

●URL

URLでは、**データの指定方法**について定義しています。Webシステムでは、「**http://**」または「**https://**」ではじまる文字列を指定することでWebページを表示できます。この文字列がURLです。URLについては第5章で解説します。

■ URLの構成

●HTTP

HTTPでは、**データの送受信の方法**について定義しています。

Webシステムでは、ネットワークプロトコルとして**TCP/IP**を、アプリケーションプロトコルとして**HTTP**（Hypertext Transfer Protocol）を使用します。TCP/IPについては第2章、HTTPについては第4章で解説します。

■ HTTPプロトコルの位置付け

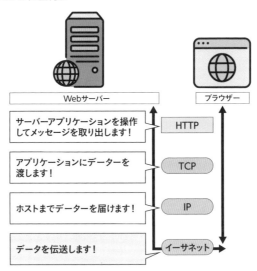

●HTML

HTMLでは、**データの表現方法**について定義しています。

HTMLはマークアップ言語の一種で、Webページの構造や見た目などを「<h1>見出し</h1>」のようにタグを使って指定します。HTMLファイルはテキスト形式であるため、テキストエディターなどを使って直接編集することも可能です。HTMLについては第7章、2021年現在の最新バージョンであるHTML5については第8章で解説します。

■ Webページの記述に用いられるHTML

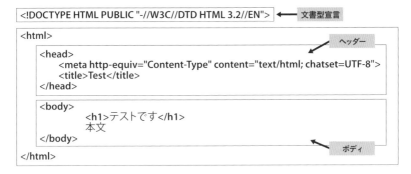

2章

**Webを支える
ネットワーク技術**

Webとインターネットは切っても切り離せな
い密接な関係にあります。本章では、インター
ネットを支えるネットワーク技術の基本知識に
ついて解説を進めます。

01 プロトコルとは

プロトコルとは、コンピューターやネットワーク機器が他の機器と通信を行う際の手順や規格をまとめたものです。ここではプロトコルがどんなものか、身近な例を交えて理解していきましょう。

● コミュニケーションと通信

　ネットワークプロトコルについて解説する前に、人と人とのコミュニケーションについて考えてみましょう。

　たとえばAさんからBさんに源氏物語の一説を伝える場合、まずAさんは古文の知識を使い現代文に置き換えます。置き換えたものを文字にして手紙でBさんに送ります。それを受け取ったBさんは文字を読み、現代文から原文を読み解き、ようやくAさんが伝えたかった源氏物語の一節を理解します。

■ AさんからBさんに源氏物語について伝える

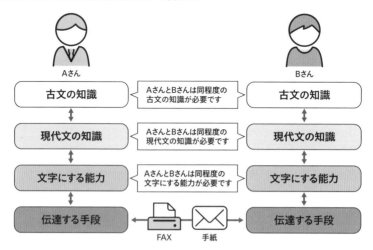

　手紙の代わりにFAXで送信することもできます。こうしてコミュニケーションの過程を役割や手段で階層化することで組み合わせが自由になり、コミュニケーションの方法が豊富になります。さらに各段階ではその他の段階で何が行われているのか、詳しく知る必要がありません。

　「古文の知識」を使っている段階では、次の段階の「現代文の知識」とは関わるものの、「文字にする能力」を使って何が行われるのか、「伝達する手段」ではどうやって相手に届けられるのかを知る必要はありません。

　「現代文の知識」の段階でも同様に、「伝達する手段」でどうやって相手に届いているかを知る必要はありませんし、「伝達する手段」でも、それまでの段階で何が行われていたかを知る必要はありません。

　手紙を配送する配達員は、手紙をBさんに届けることだけに専念し、手紙に何が書かれているのかや古文の知識は必要ありません。各段階では、情報を受け取り加工して次の段階に伝えることに専念すれば、その結果としてAさんとBさんのコミュニケーションが成立します。

◯ ネットワーク通信の階層化

　ネットワーク通信においても実は階層化が重要になります。ブラウザーがWebサーバーにデータをリクエストする場合を例に、その通信過程を階層に分けてみましょう（次ページ図）。

　下の階層になるほど、ユーザーやアプリケーションの範疇を離れ、ハードウェアやインフラの範疇になります。それぞれの階層は他の階層で行われることに関与しません。「データの伝送」がADSLだろうが光回線だろうが、上位層の「サーバーを操作する」手順に変わりはありません。

　その他の階層も同様です。それぞれの階層はそれぞれの務めに専念しさえすれば、ブラウザーはWebサーバーからデータを受信して、Webページを表示することができます。

■ 通信過程の階層化

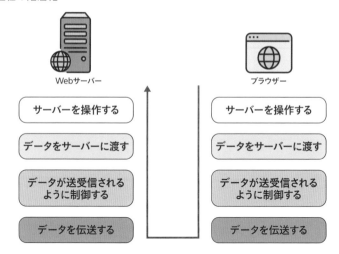

ネットワーク通信の過程を階層化し組み合わせることで、通信手段が無限に広がります。ただし条件があります。情報を受け取った相手にも同等の能力や手段が必要になります。

先ほどの例でAさんが「古文の知識」と「現代文の知識」を使ったように、Bさんにも古文と現代文の知識が必要になります。同じようにネットワーク通信においても、送られる側と受け取る側で事前にルールを取り決めておく必要があります。それが「**プロトコル（通信規約）**」です。Webアクセスのプロトコルを取り決めておけば、どんなブラウザーでも世界中のWebサーバーにアクセスし、Webページを表示することができます。

コラム 「プロトコル」の意味

通信規約を定めた「プロトコル（Protocol）」はIT用語以外にも、「議定書」や「外交儀礼」といった意味でも利用されます。元々は「手順」という意味があり、さまざまな場面で利用されます。たとえば、「運用プロトコル」は運用手順をまとめたもの、「感染防止プロトコル」は感染予防策を定義したものなどです。

02 プロトコルの標準化

2-1ではプロトコルがどういうものかについて解説しましたが、プロトコルを取り決めただけでは不十分です。プロトコルに基づいて世界共通でネットワークを利用するために、標準化を行うためのしくみが存在します。

● 標準化とは

　たとえ非常に優れたプロトコルだったとしても、自分のまわりだけしか知らないという状態では意味がありません。インターネット上で利用するためには、世界中の人たちとプロトコルについての正しい情報を共有し、それに基づいたシステムへの実装を行わなければなりません。それを実現するために必要なのが**標準化**という作業です。

　標準化とは、**何もしなければ秩序がとれないものに標準となる決まりごとを策定し、互換性や品質を確保して技術の普及を図る**ことです。世の中に広く普及させるためには、この標準化は必要不可欠であり、たとえば、日本国内における産業製品では、JISという規格が取り決められています。

● インターネットの標準化

　インターネットで使用されるプロトコルは、主に**IETF**（The Internet Engineering Task Force）で取り決められています。IETFでは、主にML（メーリングリスト）によって議論が進められ、関係企業だけではなく個人でも参加可能なオープンな組織として運営されています。なお、IETFがすべてのインターネット技術の標準化を担っているわけではありません。たとえば、WWWについては**W3C**（World Wide Web Consortium）で取り決められています。

　IETFで議論された内容は、標準化の段階を経て**RFC**（Request for Comments）として文書化され、誰でもオンラインで参照できます。RFCで規定されたプロトコルに従っていれば、異なるベンダーの製品でも、異なるOS

間であっても、インターネットでの通信が成立します。

■ ネットワークプロトコルの主な標準化団体

■ IETF

03 階層化・OSI参照モデル

2-1で解説した階層化という観点から、ブラウザーがWebサーバーとの通信を行い、データをダウンロードするまでの過程を解説していきます。

● プロトコルの階層化

　ブラウザーがWebサーバーと通信を行い、データをダウンロードするという一連の流れをプロトコルの階層構造で表現することができます。

　まずWebサーバーのアプリケーションを操作してデータを読み取る際に使用されるプロトコルがHTTP（3-1参照）です。その読み取ったデータをアプリケーションに渡すプロトコルとしてTCP（2-7参照）、ブラウザーが入ったPCまでデータを届けるプロトコルとしてIP（2-5参照）、実際にデータを伝送するためのプロトコルとしてイーサネット（2-4参照）を使用してデータのやり取りを可能にしています。

■ Webサーバーからデータをダウンロードする際に使用されるプロトコル

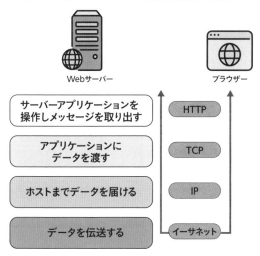

● OSI参照モデル

Webシステムをはじめ、コンピューターやネットワーク機器の持つべき通信機能を階層構造に分割したモデルを**OSI参照モデル**と呼びます。「べき」という言い回しに使っているのは、OSI参照モデル自体は単なる手引きで、より柔軟にプロトコルを開発できるよう定義されたモデルであるからです。

そのため、先ほど説明したインターネットで使用されるプロトコルであるTCP/IPの階層構造とOSI参照モデルを完全に一致させることはできません。

これはOSI参照モデルの策定前にすでにTCP/IPの普及が進んでおり、TCP/IPがOSI参照モデルを元に発展したものではないためです。ただ、TCP/IPの階層モデルをOSI参照モデルと照らし合わせて理解することで、プロトコルの階層構造が明確になりますので、しっかりと把握しておきましょう。

■ OSI参照モデル

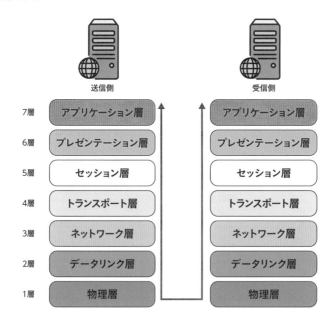

04 イーサネットと MACアドレス

コンピューター同士をLANケーブルでつなぐ場合、通信規格としてイーサネット（Ethernet）が使用されます。2-3で解説したOSI参照モデルではイーサネットはデータリンク層と物理層に相当するプロトコルです。

● ネットワーク機器同士をつなぐイーサネット

　イーサネット（Ethernet）は、物理的に接続されたコンピューター同士の通信を行うためのプロトコルです。イーサネットには速度や媒体によって多数の規格が存在しています。本来のイーサネットは、通信速度10Mbps、最大伝送距離100mのものを指しますが、現在では100Mbpsの速度に対応した**ファストイーサネット**（Fast Ethernet）、1Gbpsの速度に対応した**ギガビットイーサネット**（Gigabit Ethernet）などが多く利用されています。

　イーサネットの接続形態には**バス型**と**スター型**があります。

■ スター型／バス型によるイーサネットの接続

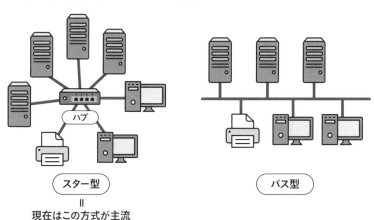

ハブ

スター型
‖
現在はこの方式が主流

バス型

スター型はハブを中心に放射状にコンピューターを接続する方式です。一方バス型は1本の回線を複数のコンピューターで共有する方式です。1990年代までは、10BASE-5と呼ばれる太くて堅い同軸ケーブルを床下や屋根裏を引き回すのがネットワーク管理者の業務の1つでしたが、取り扱いが面倒なこと、速度や接続機器数に制限があることから、現在はバス型が利用されることはほとんどなく、スター型が利用されています。

● ネットワーク機器を識別するMACアドレス

イーサネットで通信を行うには、LANカードなどのイーサネットアダプターが必要となります。基本的にはイーサネットアダプターごとで世界に1つしかない固有のID番号が割り振られており、その番号で機器を識別します。この固有のID番号を**MACアドレス**（Media Access Control Address）と呼びます。

MACアドレスは48ビットで構成され、一般的には「00:0C:29:EA:E5:2C」のように**オクテット（8ビットごと）**で表記します。WindowsでMACアドレスを調べるには、**ipconfigコマンド**を使用します。

```
C:\>ipconfig /all
  省略
    接続固有の DNS サフィックス . . . . .:
    説明. . . . . . . . . . . . . . . .: Intel(R) Wi-Fi 6 AX201 160MHz
    物理アドレス. . . . . . . . . . . .: C8-xx-xx-xx-FD-CD  ←これがMACアドレス
    DHCP 有効 . . . . . . . . . . . . .: はい
    自動構成有効 . . . . . . . . . . .: はい
  省略
```

イーサネットではデータを一定の大きさの**フレーム**に分割し、MACアドレスを頼りに、各フレームを相手の機器に届けます。実際には送信は全機器に対してフレームを送信する**ブロードキャスト**で行われ、受信する側はそれらのフレームの中から、自分宛のフレームを拾い出し、自分宛でないものは無視することで成立しています。

ただし、最近ではスイッチングハブが普及したため、通信を行っている機器同士を直接接続し、関係ない機器にフレームを流さない方式が主流です。

05 IP プロトコルの基本

IP（Internet Protocol）はその名の通り、インターネットのために開発されたプロトコルです。2-3で解説したOSI参照モデルでは、ネットワーク層に相当するプロトコルです。

● IPの基本的な働き

IP（Internet Protocol）は、上位層のTCP（またはUDP）と、下位層のイーサネットを取り持っています。イーサネットのような物理的なネットワークではその特性上の制約が存在するため、IPのレイヤーで物理的ネットワークに合わせた最適化を行っています。

たとえば、イーサネットの1つのフレームに格納できるデータの大きさに上限があります。その上限を超える大きさのデータを処理する場合は、IPのレイヤーでデータを分割し、イーサネットで適切に処理が行えるようにします。

● ルーターとルーティングテーブル

IPパケット（以降パケット）を送信する場合は、送信先のIPアドレスを指定し、特定されたコンピューターに対してパケットを送信します。その際に送信元と送信先が同じLAN内にあれば、直接通信を行えますが、送信先が他のネットワークにある場合は、**ルーター**という機器を経由します。ルーターは**ルーティングテーブル**と呼ばれる経路情報によって、IPアドレスから送信先のコンピューターがどのネットワークに接続されているか知ることができます。

まず送信元は自身のネットワークのルーターにパケットを送信します。そのルーターは受け取ったパケットを、ルーティングテーブルを参照して送信します。送信先のネットワークと直接つながっていれば、そこに送ればよいのですが、広大なインターネットではその可能性は限りなく低いため、直接関係がないネットワークに一旦送信し、その後はおまかせするという方法をとっています。

⬤ デフォルトゲートウェイ

　自分のネットワーク内に送信先コンピューターがない場合は、すべて**デフォルトゲートウェイ**と呼ばれるルーターに送られます。デフォルトゲートウェイは外部のネットワークとつながっており、未知のIPアドレス宛のパケットはすべてデフォルトゲートウェイを通して外部のネットワークに送信されます。

　その次に送信されたネットワークでも経路情報に合致しない場合は、そのネットワークのデフォルトゲートウェイを介して、次の外部ネットワークに転送されます。こうしてIPアドレスに一致する経路情報を持ったネットワークにたどりつくまで、デフォルトゲートウェイによるバケツリレーが行われます。

■ パケットをバケツリレーする

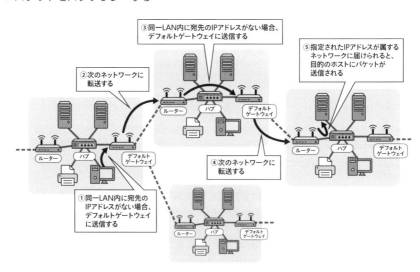

⬤ 確実に相手に届くことを保証しないIP

　IPによる通信では、相手の状態を確認せずに送信するため、確実にパケットが送信先に届くこと（**到達性**）については保証していません。またネットワーク経路上で失われたパケットも再送信はできません。そこで通信品質や信頼性の向上については、**2-6**で解説するTCPなどの上位プロトコルが対応します。

06 TCP

インターネットでは、データが届いたかどうかを制御するためのプロトコルとして
TCPが使用されています。

● TCPとは

TCP（Transmission Control Protocol）は、上位層のアプリケーションプロト
コルと、下位層のIPを取り持つプロトコルです。

クライアントからサーバーにデータを送信する際、クライアント側はアプリ
ケーションデータをTCPパケットに変換します。TCPパケットを受け取った
サーバーは、TCPパケットをアプリケーションにとって意味のあるデータに還
元することで通信が成立しています。

IPではIPパケットをコンピューターまで送り届けられますが、どのアプリ
ケーションにデータを渡せばよいかまでは制御できません。そこでコンピュー
ター宛てのデータを特定のアプリケーションに渡したり、アプリケーションか
ら受け取ったデータを送信する役割をTCPが担っています。

またTCPは送受信されるパケットに欠損がないかチェックし、欠損があっ
た場合はパケットの再送を行うなどの**エラー訂正機能**を備えています。この機
能によって、データ転送の信頼性を高めることができます。

● ポート番号

TCPでは、どのアプリケーションに渡せばよいかを**ポート番号**を使って区別
しています。ポート番号には**0～65535**（16ビットの範囲）の整数値が利用さ
れます。

ポート番号は、アプリケーションによって決められています。たとえば
Webシステムでは、80番（HTTP）や443番（HTTPS）を使用します。よく使用

されるポート番号は**0〜1023**の範囲であらかじめ予約されており、これを**ウェ
ルノウンポート**（Well Known Ports）と呼びます。

　なお、1024〜49151の範囲はベンダーによるソフトウェアに割り当てられ
る**レジスタードポート**、49152〜65535の範囲は自由に利用することが可能な
ダイナミックポートとして割り当てられています。

■ 主なウェルノウンポート

プロトコル	ポート番号	説明
FTP	20	ファイル転送（データの転送用）
FTP	21	ファイル転送（制御用）
SSH	22	セキュアシェル
SMTP	25	メールの送信
HTTP	80	Webページの閲覧
POP3	110	受信メールの操作
HTTPS	443	セキュアなWebページの閲覧

■ ポートのしくみ

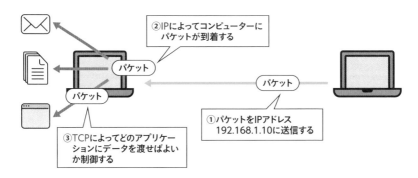

②IPによってコンピューターに
パケットが到着する

パケット

パケット

パケット

パケット

①パケットをIPアドレス
192.168.1.10に送信する

③TCPによってどのアプリケー
ションにデータを渡せばよい
か制御する

07 TCPの信頼性を上げるしくみとUDP

2-6では、IPプロトコルでは確実にパケットが送信先に届くまでは保証されず、届いたことを保証しているのは上位のTCPプロトコルであることを解説しました。ここでは、TCPのやり取りを行うために必要な3ウェイハンドシェイクについて解説します。

● TCPの3ウェイハンドシェイク

TCPの信頼性を高める機能の1つに**3ウェイハンドシェイク**があります。3ウェイハンドシェイクは、送信前にパケットを受け取る準備ができているかどうかを確認するやり取りのことです。

3ウェイハンドシェイクの際にやり取りされるパケットのうち、受信可能かどうか問い合わせを行うためのパケットを**SYNパケット**、受信可能なことを返答するためのパケットを**ACKパケット**と呼びます。

また受信可能なことを返答すると同時に、相手に対してパケットを受信できるかどうかも問い合わせするパケットを**SYN＋ACKパケット**と呼びます。

■3ウェイハンドシェイク

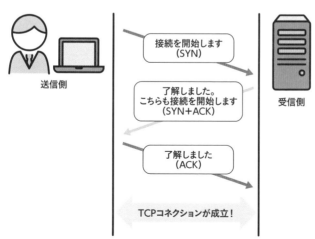

送信側

接続を開始します
（SYN）

了解しました。
こちらも接続を開始します
（SYN+ACK）

了解しました
（ACK）

受信側

TCPコネクションが成立！

◯ TCPの信頼性を上げるしくみ

TCPには、他にも信頼性を上げるためのしくみが用意されています。たとえば、TCPではデータがきちんと届いているかを確認するしくみが用意されていますが、設定した時間内にその確認がとれない場合は再送されます。

また送信パケットには**シーケンス**と呼ばれる通し番号が付与されており、その順番通りにパケットを受信しているかを確認したり、届いていないパケットがないかを検知できるようになっています。

◯ UDP

ただしこれらのしくみは手間がかかる分、ネットワークなどへの負担も大きくなります。そこで高速化を重視し、TCPの代わりとして使われるのが**UDP**（User Datagram Protocol）です。

インターネット電話（VoIP）や動画配信などのサービスは、多少データが欠損した場合でもサービスが成立するため、高速化を重視したUDPが利用されています。通信の信頼性を重視する場合はTCP、信頼性より転送効率を重視する場合はUDPと使い分けているのです。

■ TCPより転送効率が良いUDP

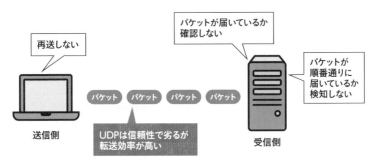

08 IPアドレス —— IPv4アドレス

IPアドレスには大きく2つのバージョンがありますが、そのうちインターネットが登場した当初から使用されているのがIPv4アドレスです。なお本書におけるIPアドレスはこのIPv4アドレスを前提に解説しています。

● IPv4アドレスの表記

IPv4アドレスは、「192.168.1.10」のように**10進数で表現された4つの整数**と「**.（ドット）**」で表記されます。しかしネットワーク上では「1100 0000 1010 1000 0000 0001 0000 1010」のように**32ビットのビット列**で使われています。

■ IPv4アドレスの表記

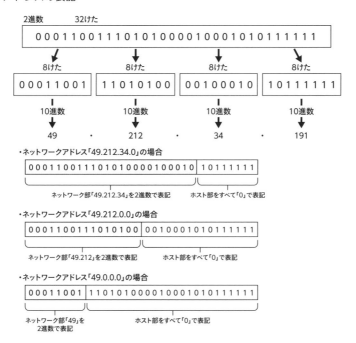

私たちが目にする「192.168.1.10」というIPv4アドレスは、この32ビットの
ビット列を8けたごと（**オクテット**）に区切って、それを10進数に変換した後
に「.」で連結したものです。

● ネットワーク部とホスト部

IPv4アドレスは、**ネットワーク部**と**ホスト部**に分けることができます。ネッ
トワーク部はそのネットワーク自体を表す部分で、同じネットワークであれば
同じになります。一方ホスト部はネットワーク内の端末に付けられるもので、
同一ネットワーク内で他と同じになることはありません。

たとえば「192.168.1」（2進数「1100 0000 1010 1000 0000 0001」）をネット
ワーク部とした場合、2進数の残り8ビットを0で埋めたものを**ネットワーク
アドレス**として利用します。10進数では「192.168.1.0」のように表記します。

■ ネットワーク部とホスト部

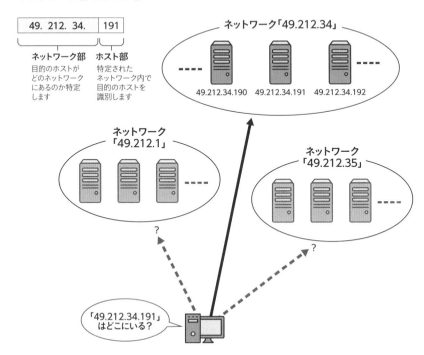

○ 特別なIPv4アドレス

IPアドレスにはネットワークアドレスの他にも、ホストに割り当てられない特別なアドレスが存在します。

●ブロードキャストアドレス

ブロードキャストアドレスは、同一ネットワーク上のすべてのホストに対し、同時かつ同じデータを送信する際に使用します。ブロードキャストアドレスは、32ビットのIPアドレスのうち、ホスト部をすべて「1」としたアドレス（ex：「192.168.1.255」）になります。

●ループバックアドレス

ループバックアドレスは、ホスト内部のアプリケーション同士が通信する際に使用します。ループバックアドレスを使用すると外部にパケットは送信されず、ローカルホスト内で完結します。アドレスには「127.0.0.1」を使うのが一般的ですが、OSによってそれ以外のものを使用する場合もあります。

■ ループバックアドレス

自ホストを表したアドレス

127.0.0.1

● プライベートIPアドレス

インターネットでは、世界で唯一のIPアドレスを端末に割り振る必要があ
りますが、家庭LANなどの閉鎖されたネットワーク内部では、自由にIPアド
レスを割り振ることができます。インターネット上で利用されるアドレスを**グ
ローバルIPアドレス**、閉鎖されたネットワーク内で使うアドレスを**プライベー
トIPアドレス**と呼びます。プライベートIPアドレスで使用可能なIPアドレス
はあらかじめ決められています。

■ 利用可能なプライベートIPアドレス

IPアドレス	アドレスクラス	ホスト数
10.0.0.0〜10.255.255.255	クラスA	16,777,216個
172.16.0.0〜172.31.255.255	クラスB	2,097,152個
192.168.0.0〜192.168.255.255	クラスC	65,536個

家庭内LANではプライベートIPアドレスを使用しますが、インターネット
に接続できます。これは**NAT**（Network Address Translation）と呼ばれる技術
を使って、プライベートIPアドレスをグローバルIPアドレスに変換すること
によってインターネットへの接続を実現しています。

NATのうち、ソース側を書き換える場合を**SNAT**、ディストネーション側を
書き換える場合を**DNAT**と呼んでいます。

1つのグローバルアドレスを、複数のプライベートアドレスで同時に共有す
るという、一般的意味で使用されるNATは、**IPマスカレード**または**NAPT**
（Network Address Port Translation）と呼ばれる技術を指しています。これらは
単にIPアドレスの書き換えだけではなく、TCPやUDPのポート番号も変換し、
プライベートアドレスを同時に使えるようにした技術になります。

09 IPアドレス —— IPv6アドレス

IPv4アドレスの枯渇問題の解決策として、IPv6と呼ばれる新しい体系のIPアドレスが利用されるようになっています。

● IPv6アドレスの表記

2-8で解説したIPv4では32ビットのビット列を8ビットごとで4つに区切って、10進法に変換して「192.168.0.1」のように表記していました。一方、**IPv6アドレス**は**128ビット**のアドレス空間を使用します。

IPv6アドレスは、128ビットのビット列を先頭から16ビットごとに8つに区切って、**16進数**に変換して「**:（コロン）**」で連結して「fe80:0000:0020c:29ff:fe13:0b2c」のように表記します。

■ IPv6アドレスの表記

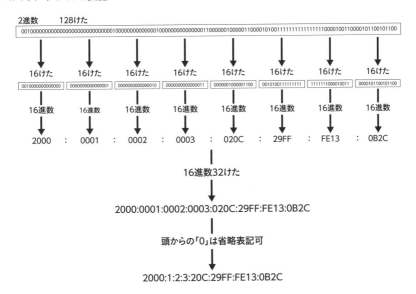

● IPv6アドレスの構造

IPv6は128ビットのアドレス空間のうち、前半64ビットは**ネットワークプレフィックス**、後半64ビットは**インターフェイスID**に分けられています。

ネットワークプレフィックスは、IPv4のネットワークアドレスと同様に、**ネットワークを識別する**ために使用されます。IPv4ではネットワーク内のホスト数に応じて、ネットワーク部を変えることができましたが、IPv6はIPv4と比較して膨大なアドレス空間を使用できるため、ネットワークプレフィックスは64ビットと固定されています。

またネットワークプレフィックスは、デフォルトルーターから送信される**RA**（Router Advertisement、ルーター広告）によって割り当てられます。

■ IPv6アドレスの構造

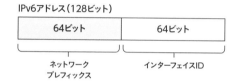

● インターフェイスID

IPv6のインターフェイスIDは、IPv4のホスト部と同様に端末に対して使われ、**IPv6アドレスをユニークなものにします。**

インターフェイスIDは、LANカードに割り当てられたMACアドレスを元にすることで、一意のインターフェイスIDを生成することを実現しています。

同じネットワークプレフィックスを共有する同一リンク内に、同じインターフェイスIDが存在しなければ、手動で設定することも可能です。実際の運用においても手動で設定する機会が多くなっています。

なおIPv6では、同一リンク内にインターフェイスIDが重複しないよう、**DAD**（Duplicate Address Detection）というしくみが用意されています。またMACアドレスから個人が特定されないように、**匿名アドレス**と呼ばれるランダムに生成されたインターフェイスIDが使用されるケースもあります。

■ インターフェイスIDの生成方法

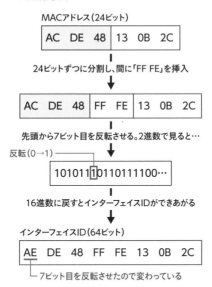

MACアドレス（24ビット）

| AC | DE | 48 | 13 | 0B | 2C |

24ビットずつに分割し、間に「FF FE」を挿入

| AC | DE | 48 | FF | FE | 13 | 0B | 2C |

先頭から7ビット目を反転させる。2進数で見ると…

反転（0→1）

10101110110111100…

16進数に戻すとインターフェイスIDができあがる

インターフェイスID（64ビット）

| AE | DE | 48 | FF | FE | 13 | 0B | 2C |

7ビット目を反転させたので変わっている

◎ IPv6の付加機能

IPv6は、IPv4アドレスの枯渇問題と一緒に語られることが多いのですが、それ以外にもいろいろな機能が用意されています。

■ IPv6アドレスの付加機能

アドレス空間の拡張	IPv6は約340澗個（2の128乗個）のアドレスが利用可能
アドレスの自動設定	ルータから送信されるRA（Router Advertisement）情報をもとにホストの起動とともに自動設定される
セキュリティの向上	IPv4ではオプションだったIPsecがIPv6では必須の機能となっている。IPsecはパケットの暗号化や認証技術により、IPアドレスの詐称やパケットの改ざんを防止する機能
サービス品質の実現	IPv6のパケットやヘッダーにパケットの優先度を指定するフローラベルとトラフィッククラスなどのフィールドが設けられており、ルータは優先度に応じてパケットを処理する
ルータの負荷低減	パケットやヘッダーを最適化し、エラー検出機能の簡略化、経路情報の削減でルーターの負荷を軽減する

● IPv6アドレスの種類

IPv6アドレスは、ユニキャストアドレス、マルチキャストアドレス、エニーキャストアドレスの3種類に大別されます。

●ユニキャストアドレス

ユニキャストアドレスは、1対1の通信で利用されるアドレスです。このアドレスを使用することで1つのインターフェイスを特定可能となります。

●エニーキャストアドレス

エニーキャストアドレスは、複数のインターフェイスに割り当てられるアドレスです。エニーキャストアドレス宛にパケットを送信すると、グループに属する1つのインターフェイスにだけパケットが到達し、それ以上は配送されません。

●マルチキャストアドレス

マルチキャストアドレスは、複数のインターフェイスと通信するためのアドレスです。IPv6にはブロードキャストアドレスがないため、マルチキャストアドレスの一部を同様の用途に使用します。

10 ARP

イーサネットではMACアドレスでコンピューターを識別しますが、IPではIPアドレスでコンピューターを識別します。インターネットで通信するには、MACアドレスとIPアドレスを結びつけるARPがその役割を果たしています。

● ARPとは

IPの下位プロトコルであるイーサネットでは、MACアドレスでコンピューターを特定します。そのためIPアドレスで指定されたコンピューターにイーサネットフレームを届けるには、IPアドレスとMACアドレスを対応付けしておく必要があります。

IPアドレスに対応するMACアドレスを調べるには、イーサネットでつながっているすべてのコンピューターに対して、MACアドレスの問い合わせを実行します。このとき使われるプロトコルを**ARP**（Address Resolution Protocol）と呼び、問い合わせを**ARPリクエスト**と呼びます。またすべてのコンピューターに対して問い合わせの送信を行うことを**ブロードキャスト**と呼びます。

ブロードキャストを受信したPCの中で、問い合わせ対象となるPCはそのリクエストに対して返信を行います。これを**ARPリプライ**と呼びます。

■ ARP をブロードキャスト

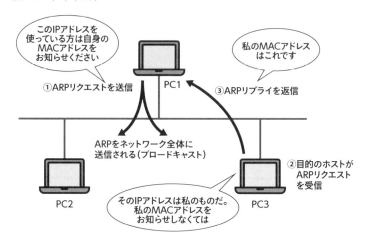

ARP テーブル

　ARP リクエストが頻発すると、ネットワークには大きな負荷がかかります。そこでMACアドレスとIPアドレスの対応付けが解決したものについては、しばらくの間**ARPテーブル**と呼ばれるキャッシュに保存されます。

　Windowsの場合、ARPテーブルの情報は**arpコマンド**で確認できます。

```
DOS C:¥>arp -a

インターフェイス: 192.168.1.58 --- 0xd
インターネット アドレス 物理アドレス 種類
192.168.1.1 28-80-○-d8-64-○ 動的
192.168.1.10 f4-a9-○-59-9c-○ 動的
192.168.1.21 14-91-○-8e-d8-○ 動的
192.168.1.35 40-a2-○-4c-7f-○ 動的
192.168.1.42 74-5e-○-8f-9e-○ 動的
```

11 DNS

IPパケットを送信する場合、送信先の指定にIPアドレスを使いますが、実際には「www.gihyo.jp」など人にとってわかりやすいドメイン名を使用しています。IPアドレスとドメイン名などの変換を行うのがDNSです。

● DNSとは

　IPパケットを送信する場合は、宛先の指定にIPアドレスを使用することはすでに解説しました。ブラウザーでWebページを閲覧する際もWebサーバーなどをIPアドレスで指定するべきですが、数字の羅列であるIPアドレスは人にとって直感的ではありません。

　そこで一般的にはアドレス欄に「http://www.gihyo.jp/」のようにドメイン名を指定しています。これで通信が可能なのはIPアドレスとホスト名を相互に変換する**DNS**（Domain Name System）というシステムがあるためです。

● HOSTSファイル

　DNSが開発される以前は、**HOSTSファイル**という1つのファイルに世界中のドメイン名とそのIPアドレスが記述されたファイルを使用していました。インターネットがまだ小規模で利用する人も限られていたため、インターネットに接続している端末も少なかったため、1つのファイルで事足りたのです。

　当時HOSTSファイルは、ネットワーク管理者は自身が管理する情報をSRI-NICという団体に報告し、SRI-NICが管理して全世界のネットワーク管理者に配布するという方法が採られていました。

● DNSの特徴

　インターネットが爆発的に普及したとともに、HOSTSファイルによる管理

は限界をむかえます。全世界のIPアドレスとそのドメイン名を羅列するだけで、人の手で管理できる範囲を超えました。またドメイン名が重複してしまうという問題も出てきます。

そこで考案されたシステムがDNSです。DNSの主な特徴は以下の通りです。

- ・IPアドレスとドメイン名の参照テーブルを世界規模で管理できる
- ・1ヵ所に問い合わせが集中しないような分散が可能
- ・情報更新を特定機関に依存せず、インターネット全体に伝播できる
- ・情報を常に最新の状態にできる

● ドメイン名の構造

一部のホスト名に使えるのは24文字のアルファベットと数字や記号のみです。それだけではホスト名の重複が必ず発生します。

たとえばAさんが管理しているサーバー「server1」と、Bさんが管理しているサーバー「server1」を区別するのに、属性情報を使って「server1.a」と「server1.b」とすれば、重複が無くなります。

また**ドメイン名**と呼ばれる属性情報を各組織で固定しておけば、各組織で自由なホスト名を割り当てることができます。

ドメイン名は以下のような構造になっています。

■ ドメイン名の構造

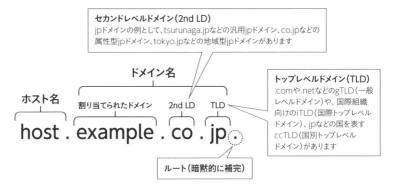

■ DNSのドメイン検索

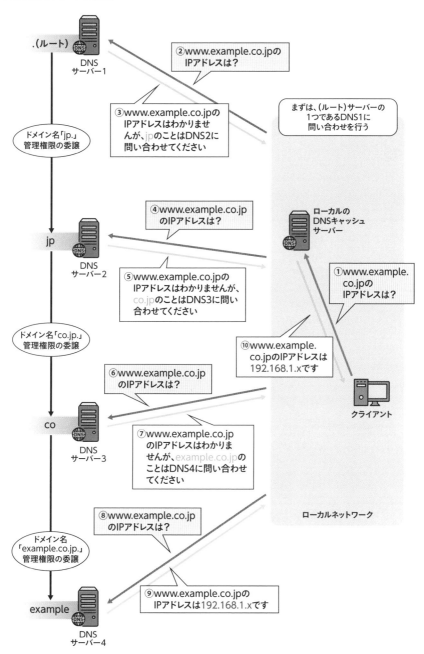

.(ルート)

DNS
サーバー1

②www.example.co.jpの
IPアドレスは?

③www.example.co.jpの
IPアドレスはわかりませ
んが、jpのことはDNS2に
問い合わせてください

まずは、(ルート)サーバーの
1つであるDNS1に
問い合わせを行う

ドメイン名「jp.」
管理権限の委譲

jp

DNS
サーバー2

④www.example.co.jp
のIPアドレスは?

ローカルの
DNSキャッシュ
サーバー

①www.example.
co.jpの
IPアドレスは?

⑤www.example.co.jpの
IPアドレスはわかりませんが、
co.jpのことはDNS3に問い
合わせてください

⑩www.example.
co.jpのIPアドレスは
192.168.1.xです

ドメイン名「co.jp.」
管理権限の委譲

⑥www.example.co.jp
のIPアドレスは?

co

DNS
サーバー3

⑦www.example.co.jp
のIPアドレスはわかりま
せんが、example.co.jpの
ことはDNS4に問い合わせ
てください

クライアント

⑧www.example.co.jp
のIPアドレスは?

ドメイン名
「example.co.jp.」
管理権限の委譲

example

DNS
サーバー4

⑨www.example.co.jpの
IPアドレスは192.168.1.xです

ローカルネットワーク

● 名前解決のしくみ

DNSでは分散された情報を効率よく検索するため、ドメイン名検索に**ドメインツリー**を用います。ドメインツリーはトップダウンの木構造です。「根」にあたるルートの情報を元に「葉」であるドメイン名まで節点を分岐していくことで、目的の情報にたどりつけるようになっています。

■ ドメインツリー

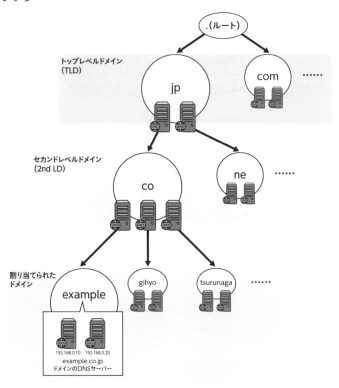

3章

HTTP
―― Web技術の基本
プロトコル

HTTPはWeb技術の根幹となる基本プロトコル
です。バージョンによって仕様の違いなどが存
在しますが、本章では、現在でも広く利用され
ているHTTP/1.1をベースに解説していきます。

01 HTTP とは

Webページを見ているときは、ブラウザーとWebサーバー間でどのようなやり取り
が行われているか意識する必要はありません。しかし、プログラムの開発やWebシ
ステムの設計を行う際は、HTTPの知識は必須となります。

HTTPとは

Webシステムでは、アプリケーションプロトコルに **HTTP** (Hypertext
Transfer Protocol)を使用します。本章では、HTTP/1.1から追加された機能をベー

■ アプリケーションプロトコル HTTP/1.1

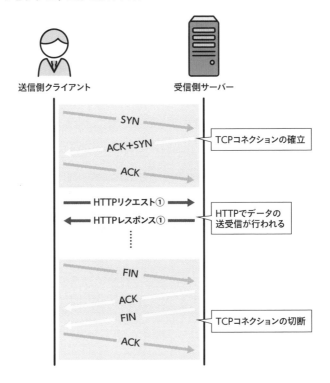

スに、アプリケーションプロトコルのHTTPについての基本を解説します。

　HTTPは、**第2章**で解説したIPやTCPの上位層プロトコルにあたる**アプリケーションプロトコル**です。処理やリソースをリクエストする**Webクライアント**と、要求に対してレスポンス（応答）を返す**Webサーバー**間の通信に利用されます。**第2章**で解説した通り、TCPの3ウェイハンドシェイクで接続が確立した後、HTTP通信が開始されます。

● HTTP/1.1はテキストベースプロトコル

　アプリケーションプロトコルは、リクエストとレスポンスの形式によって大きく2種類に分けることができます。1つは自然言語に近く、半角の英字（a〜z、A〜Z）やアラビア数字（0〜9）、記号、空白文字などのASCII文字列を用いた**テキストベースプロトコル**、もう1つはコンピューター処理に最適化されたバイナリーメッセージを使用する**バイナリーベースプロトコル**です。

　HTTPは、「Hypertext Transfer Protocol（ハイパーテキスト転送プロトコル）」という名前からもわかる通り、テキストベースプロトコルの1つです。ファイル転送用のFTPや電子メール送信用のSMTPなどもテキストベースプロトコルになります。

■ HTTP/1.1はテキストベースのプロトコル

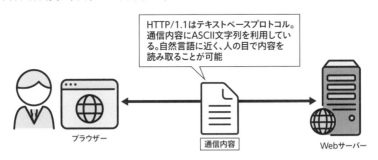

HTTP/1.1はテキストベースプロトコル。通信内容にASCII文字列を利用している。自然言語に近く、人の目で内容を読み取ることが可能

ブラウザー　　　　通信内容　　　　Webサーバー

02 HTTP のバージョンと歴史

Web技術の源となるHTTPは時間とともに進化し、バージョンアップを続けています。ここでは、HTTPのバージョンの歴史と各バージョンの特徴などについて解説します。

◉ HTTPのバージョン

　HTTPは、ブラウザーなどのWebクライアントとWebサーバーのやり取りについて定めたプロトコルです。データの送受信に関する手順やフォーマットなどが定められており、インターネット技術の標準化を推進する**IETF**（Internet Engineering Task Force）により策定されています。

　Webシステムの多様化が進み、HTTPも機能の追加や改善が行われています。ただし、HTTPはバージョンが異なっても互換性を有しています。たとえば、HTTP/1.1対応のクライアントとHTTP/1.0対応のWebサーバーとの間で通信を行うことは可能です。

■ HTTPのバージョンの変遷（2021年8月現在）

バージョン	リリース年
HTTP/0.9	1990年
HTTP/1.0	1996年
HTTP/1.1	1997年
HTTP/2	2015年
HTTP/3	2018年（策定作業中）

HTTP/0.9

一番最初のHTTP/0.9には、元々バージョン番号が付いていませんでした。HTTP/1.0が策定された際、「それ以前のもの」としてHTTP/0.9という呼び方となりました。

HTTP/0.9における取り決めは、いたってシンプルです。Webサーバーから欲しいリソースを指定して**GETメソッド**で取得するだけです。たとえばWebサーバーから「foo.html」ファイルを取得する場合、ブラウザー側は以下の1行で構成されたHTTPリクエストを送信します。

```
GET /foo.html
```

リクエストが1行で構成されるため、**ワンラインプロトコル**とも呼ばれます。ただしWebサーバーからの受信リソースはHTMLファイルのみに限定され、他のリソースには対応していません。

HTTP/1.0

HTTP/0.9のリリース後、Web技術としてのHTTPへの取り組みは本格化し、HTTP/1.0では多くの機能が追加されました。クライアントからWebサーバーに送信されるHTTPリクエスト（**3-3**参照）と、それに対してWebサーバーからWebクライアントに返されるHTTPレスポンス（**3-3**参照）、追加情報としてHTTPヘッダー（**3-6**参照）が追加されました。このヘッダーにより、HTMLファイル以外の画像や音声などのリソースの転送が可能になり、多種多様な情報に対応できるようになりました。

ブラウザーがリクエストの成功・失敗を判別できるように、レスポンスの最初にステータスコード（**3-7**参照）が送信されるようになりました。

またリクエスト可能なメソッド（**3-6**参照）としてリソース取得のGETメソッド以外に、**POST（追加）**、**DELETE（削除）**、**PUT（置き換え）**メソッドなどが使用可能となり、複数のリソースの送信も可能になりました。

■ 現在のWebシステムの基本となっているHTTP/1.0

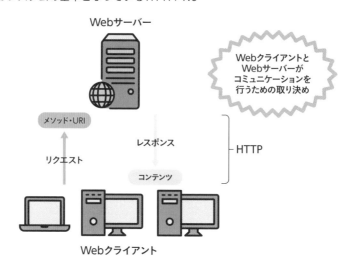

HTTP/1.1

　HTTP/1.1では主にパフォーマンスの改善が行われ、複数データを効率良く転送するための**HTTPキープアライブ**（HTTP Keep-Alive）、**パイプライン**、**プロキシ**、**仮想ホスト**など、本書で解説しているHTTP技術の多くはこのバージョンで実装されました。

　HTTPキープアライブによってコネクション（**3-8**参照）の再利用が可能になりました。Webサーバーとブラウザーで接続を確立する際、3ウェイハンドシェイク（**2-7**参照）を行う必要がありますが、コネクションの再利用によって、3ウェイハンドシェイクを改めて行う必要がなくなり、時間短縮やWebサーバーの負担軽減につなげることができました。

　またWebサーバーからブラウザーに対しデータを小分けにして送信する**チャンク**や、最初のリクエストに対するレスポンスの完了前に、次のリクエストを送信する**パイプライン**などの機能も、HTTPのパフォーマンス改善に大きく寄与しました。

　このころからWebページに大量の画像やドキュメントが使われるようになり、1ページあたりのコンテンツ数は劇的に増加したため、ネットワークやサー

バーの負荷を軽減し、より迅速にWebページを表示するために、パフォーマンスを改善する技術が求められていました。

そこで一度閲覧したWebページの履歴やデータをブラウザー側で保存するキャッシュの活用や、データをプロキシサーバーに保存してキャッシュし、ブラウザーからはそのプロキシサーバーにアクセスすることでネットワークの負荷を軽減するプロキシの制御なども可能になりました。

◉ HTTP/2

HTTP/1.1は長期間にわたり使用されていましたが、IETFは2007年に次世代のHTTPを策定するワーキンググループとしてHTTPbisを立ち上げ、新しいバージョンの標準化を目指し策定作業を開始しました。この新しいバージョンは当初HTTP/2.0と呼ばれていましたが、後に**HTTP/2**と改称しています。

HTTP/2では、ブロードバンドやモバイルネットワークなど環境に依存しないパフォーマンス改善や、ネットワーク資源の効率的な利用、大きな問題となっていたセキュリティ対策などがその目標として掲げられました。

ベースとなった技術は、Google社のSPDYやマイクロソフト社のHTTP Speed＋Mobility、Proxyやロードバランサの視点で提案されたNetwork-Friendly HTTP Upgradeなどです。これらの技術から**後方互換性**、**接続の多重化**、**フロー制御**、**ヘッダー圧縮**、**サーバープッシュ**など、多くの技術仕様が追加されました。

2021年8月現在、主なブラウザーはHTTP/2に対応していますが、Webサーバー側はHTTP/1.1対応のものも多く、移行作業が進められている状況です。

◉ HTTP/3

2021年8月現在、3回目のメジャーアップデートとなる**HTTP/3**の策定作業が進められています。元々HTTP-over-QUICとして標準化が進められていたもので、**QUIC**（Quick UDP Internet Connections）と呼ばれるUDPベースのプロトコル上でHTTPが動作します。

HTTP/2まではTCPを用いることで、UDPよりも信頼性の高い通信を実現していました。しかしコネクションの確立手順や再送制御などの処理にオーバーヘッドが発生するため、UDPに比べてパフォーマンスは低下します。

そこでHTTP/3ではUDPを用いてより高効率な通信が可能としています。本来TCPに比べてUDPは通信の信頼性の面で劣りますが、QUICという技術でそのデメリットをカバーしています。

QUICはGoogle社が提案した仕様をベースとし、暗号化通信プロトコルのTLS 1.3を利用して、すべての通信を暗号化します。TLS1.3はTCPに比べてより少ないハンドシェイクで通信を確立するため、通信処理にかかるオーバーヘッドも減らすことができます。

2021年8月現在、主なブラウザーではHTTP/3対応が進んでいますが、Webサーバーやネットワーク機器の対応はまだまだ進んでおらず、その普及にはもう少し時間がかかるようです。

■ 新しい技術要素を追加して進化するHTTP

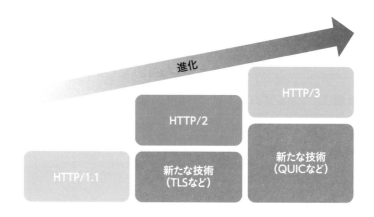

03 HTTPリクエスト・ HTTPレスポンス

Webシステムは、ブラウザーからのリクエストに応じて、Webサーバーがレスポンスを返すことで成立しています。ここでは、リクエストとレスポンスについて理解を深めましょう。

● HTTPリクエスト・HTTPレスポンス

　Webシステムでは、WebクライアントからWebサーバーに対して行われる要求を**HTTPリクエスト**と呼びます。リクエストの形式や中身は**3-6**で解説していますが、ここではメッセージの一種と理解しておきましょう。リクエストを受け取ったサーバーは、応答として**HTTPレスポンス**を返します。

　クライアントはサーバーとの接続を確立した後、再びリクエストを送信します。Webサーバーはそれに応えて、HTMLテキストやデータなどのリソースをレスポンスとしてクライアントに転送します。

■ HTTPリクエストとHTTPレスポンス

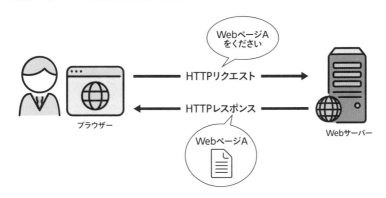

　HTTP通信を開始できるのはクライアント側のみです。1回のリクエストで取得できるリソースは1つであるため、クライアントが2つのリソースをダウ

ンロードするには、2回リクエストを送信する必要があります。またリクエストとレスポンスは常に一対であり、リクエストのみ、レスポンスのみ発生することはありません。

ホームページを表示するには、HTMLテキストをはじめ、CSSファイルや画像ファイルなど複数のリソースが必要になります。そのため送信されるリクエストも複数回に及びます。

以下では、ホームページの1画面を表示するためにどのようなリクエストとレスポンスが交わされているかChromeブラウザーで確認しています。

右上のハンバーガーアイコン（三点のアイコン）から「その他のツール」−「デベロッパーツール」を選択します（①）。デベロッパーツールが起動すると、Chromeの画面が左右に分割して、右側にデバック画面が表示されます。「Network」タブをクリックしてから（②）、https://gihyo.jp/ にアクセスすると（③）、170を超えるリクエストが発生しているのが確認できます（④）。

■ Chromeでリクエストの内容を確認

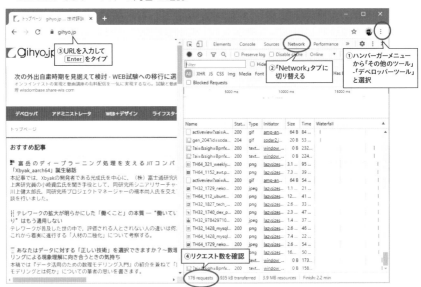

Webページを1ページ表示するために、数百のパーツをWebサーバーからダウンロードする必要があるため、その分のリクエストが発生しています。現在ではデザイン性の高いWebページが増えており、Webサーバーの負荷は極めて高くなっています。

● リクエストとレスポンスを再現しよう

アプリケーションプロトコルは、テキストベースプロトコルとバイナリーベースプロトコルの2種類があることは3-1で述べました。HTTP/1.1はテキストベースプロトコルの一種ですので、サーバーとクライアントでやり取りされているリクエストとレスポンスをかんたんに再現できます。

ここではLinuxでの実行例を見ていきましょう。telnetコマンドの引数にはサーバーのアドレスとサービスポート番号の80番を指定してください。

```
$ telnet yahoo.co.jp 80
Trying 183.79.135.206...
Connected to yahoo.co.jp.
Escape character is '^]'.
GET / HTTP/1.1      ←① 「GET / HTTP/1.1」と入力して Enter をクリックする
Host: yahoo.co.jp   ←② 「Host: yahoo.co.jp」と入力して Enter をクリックする
 ←③ Enter をクリックする
HTTP/1.1 200 OK     ←これ以降はサーバーからのレスポンス
Date: Sun, 22 Aug 2021 21:46:13 GMT
Cache-Control: no-store
Content-Type: text/html
Content-Language: en
Content-Length: 9290
省略
```

①〜③がクライアントから送信されるリクエスト、「HTTP/1.1 200 OK」の行以下がサーバーからのレスポンスです。①ではドキュメントルート（/）をリクエストしています。「HTTP/1.1」は使用するプロトコルとバージョンになります。

04　ステートレスプロトコル

HTTPは、サーバーがクライアントからのリクエストを処理すると、そこで一旦接続を解除するステートレスプロトコルに分類されます。ステートレスであるがゆえに多くのメリットがあります。

○ ステートレスとは

　HTTPが軽量プロトコルと言われるもう1つの理由が**ステートレス性**です。それぞれのHTTPリクエスト・HTTPレスポンスは、その前後に行われるHTTP接続の**状態（ステート）**を管理・維持しません。

　たとえば以下の図のリクエスト・レスポンス①と②はどのようなやり取りを行っているのか、お互いの状況を把握することはできません。

■ HTTPはステートレスプロトコル

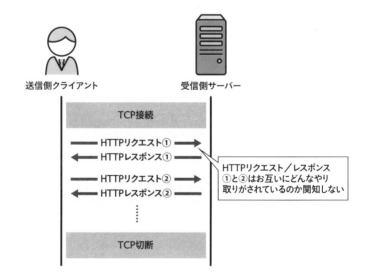

送信側クライアント　　　　　受信側サーバー

TCP接続

HTTPリクエスト①　→

←　HTTPレスポンス①

HTTPリクエスト②　→

←　HTTPレスポンス②

HTTPリクエスト／レスポンス
①と②はお互いにどんなやり
取りがされているのか関知しない

TCP切断

このようにお互いの状態を管理しないプロトコルを**ステートレスプロトコル**、逆に状態を管理・維持できるプロトコルを**ステートフルプロトコル**と呼びます。HTTPはステートレスプロトコルですが、ファイル転送のFTPはステートフルプロトコルに該当します。

FTPでは、ユーザーが意図的に切断処理を行わない限り、どのようなコマンドが実行されたのか、どのようなファイルがダウンロードされたのかなどの情報が接続が解除されるまで維持されます。

またステートを管理した場合、最初にリクエストを送信したサーバーとの接続状態は維持されたままになるため、サーバーを増設してそのサーバーに処理を分散させることも難しくなります。

一方、HTTPのようなステートレスプロトコルであれば、1回1回のリクエスト・レスポンスが短いため、すぐに他のサーバーに切り替えることができます。これによってサーバーを分散させたり、台数を増やしてパフォーマンスの向上を図る**スケールアウト**（6-1参照）も容易に行うことが可能です。

■ HTTPは分散処理に優れている

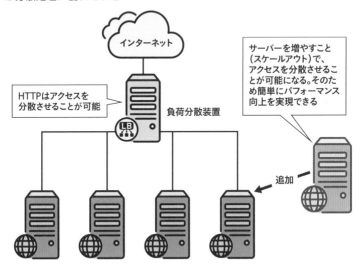

ステートレス性を補う技術

　会員制サイトで画面を切り替えてもログイン状態が維持されていたり、ショッピングサイトでカートに入れた商品が会計まで保存されているなど、一度は経験されたことがあると思います。HTTPはステートレスプロトコルであるはずなのに、なぜこのようなことが可能なのでしょうか。

　これは後述する**クッキー（HTTP Cookie）**や**セッション変数**などの技術によって、HTTPのステートレス性を補っているためです。たとえば、複数のサーバーにリクエストを振り分けるWebアプリケーションを開発する場合は、これらの処理を実装して、同一クライアントからのリクエストを継続して同じサーバーに振り分けるなどの工夫が必要となります。

クッキー（HTTP Cookie）

　クッキー（HTTP Cookie）は、WebサーバーからWebブラウザーに送信される極めて小さなデータです。Webブラウザーではクッキーを保存しておき、再度同じWebサーバーにリクエストを送信する際に、保存しておいたクッキーを一緒に送信します。

　Webサーバーは、クッキーが以前送ったものと同じかどうかを確認して、同じものであれば以前アクセスしてきたWebブラウザーだと判断します。

　このようなしくみによってステートレスなHTTPプロトコルであっても、会員制サイトのログイン状態を維持したり、ショッピングサイトでカートに入れた商品が会計時まで保存したりできます。

　その他にも、ユーザーのアクセス履歴を取得してトラッキングやユーザー行動の分析といった用途にも使用されます。そのためプライバシー保護の一環でクッキーの利用を制限している地域や国もあります。

　なおクッキーには有効期限が設定されており、その有効期限を過ぎると、利用できなくなります。

05 HTTP メッセージ

リクエストによってクライアントから Web サーバーに送信されるメッセージ、レスポンスによって Web サーバーからクライアントに返送されるメッセージ、どちらにも HTTP メッセージが使われています。

HTTP メッセージの構造

ブラウザーなどの Web クライアントから送信される HTTP リクエストも、Web サーバーから返送される HTTP レスポンスも、ともに **HTTP メッセージ**と呼ばれる形式のメッセージを使用します。

HTTP メッセージのうち、クライアントからサーバーへのリクエストで使用されるものを**リクエストメッセージ**、レスポンスで使用されるものを**レスポンスメッセージ**と呼びます。

HTTP/1.1 はテキストベースプロトコル (**3-1**参照) ですので、HTTP メッセージには ASCII 文字列を用います。そのため、クライアント・サーバー間で行われる通信を手動で再現したり、メッセージを見ればやり取りの内容を理解することも可能です。

■ HTTP/1.1のメッセージ構造

```
GET / HTTP/1.1                                      リクエストメッセージ
Host:www.example.co.jp

空行(CR+LF)

HTTP/1.1 200 OK                                     レスポンスメッセージ
Server: nginx
Date: Sun, 29 Aug 2021 21:46:13 GMT
Cache-Control: no-store
Content-Type: text/html
Content-Language: en
Content-Length: 9290
Vary: Accept-Encoding

<html><head><meta http-equiv="content-type" content="te....
以下省略
```

リクエストメッセージには、クライアントからサーバーに対して送信される
リクエストの内容が埋め込まれています。一方、レスポンスメッセージにはサー
バーからクライアントに転送されるリクエスト結果が埋め込まれています。

ブラウジングにおいては、レスポンスメッセージにホームページの表示に必
要なHTMLテキストや画像などのリソースが埋め込まれます。手動でHTTP/1.1
の通信を再現した場合は、レスポンスメッセージの内容は、HTMLテキストの
ようなテキストベースのドキュメントであれば確認できますが、圧縮されたコ
ンテンツや画像などのリソースはバイナリフォーマットであるため、文字で表
示すると意味不明な文字列として表示されます。

空行には改行文字の**CR（キャリッジリターン）**と**LF（ラインフィード）**が用
いられます。Linuxでは、改行文字としてLFのみ用いますが、通信プロトコル
ではCR＋LFが標準的に用いられます。

✏ コラム　改行文字

上述の通り、改行文字を表す文字コードにはCR（キャリッジリター
ン）とLF（ラインフィード）の2種類があります。これはタイプライター
時代の名残によるものです。手動式タイプライターでは、活字が1文
字打刻されると「紙」の方が1文字分、左に移動します。行を変えるに
は「紙」を上に移動する必要があります。このように、タイプライター
は紙を固定する土台のキャリッジが上下左右することで、活字を打刻
できるしくみになっています。

紙の左端まで打刻を終えると、行の先頭にあたる紙の右端までキャ
リッジを戻します（リターン）。この動作がキャリッジリターンです。
新しい行（ライン）から打刻を始めるには、紙を上に送ります（フィー
ド）。これがラインフィードです。CRとLFの組み合わせにより、新し
い行から活字を打刻できるようになります。

06 リクエストメッセージ

3-5で解説したHTTPメッセージのうち、クライアントからサーバーへのリクエストで使用されるものをリクエストメッセージと呼びます。このリクエストメッセージの構造や内容について解説します。

● リクエストメッセージの構造

リクエストメッセージは1行目がリクエストライン、2行目から空行までがヘッダー、空行の次の行から末尾までがボディとして構成されています。

■ リクエストメッセージの構造

GET /index.html HTTP/1.1	リクエストライン
Host: example.jp Connection: keep-alive Content-Length:	ヘッダー
空行(CR+LF)	
以下省略	ボディ

● リクエストライン

リクエストメッセージの1行目にあるのが**リクエストライン**です。メソッドやリクエストURL、HTTPバージョンなどで構成されています。

■ リクエストラインの書式

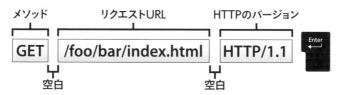

◉ メソッド

メソッドには、サーバー上のHTMLファイルや画像ファイルなどのリソースに対する処理内容を指定します。たとえばGETメソッドを指定した場合は、リソースの取得を要求します。HTTP/1.1では、以下の表にある8つのメソッドが定義されています。

■ HTTP/1.1で使用可能なメソッド

メソッド	説明
GET	クライアントが指定したURLのリソースを取得する
POST	GETとは反対にクライアントからサーバーにデータを送信する
PUT	指定したURLにリソースを保存、更新する
HEAD	ヘッダー情報のみ取得する
OPTIONS	利用可能なメソッドなどのサーバー情報を取得する
DELETE	指定したリソースを削除する
TRACE	リクエストのループバックでサーバーまでのネットワーク経路をチェックする
CONNECT	プロキシへのトンネルを要求する

通常のブラウジングでは、GET・HEAD・POSTメソッド以外は利用されません。というのも、ブラウジングでPUTメソッドやDELETEメソッドが利用されてしまうと、コンテンツの書き換えや削除がかんたんに行えてしまうためです。そのようなコンテンツの改ざんを防ぐために、Webサーバー側では使用不可にしています。

◉ リクエストURL

リクエストURLには、リクエストするリソースの位置情報を指定します。たとえば「http://www.example.jp」の「index.html」をリクエストする場合、リクエストURLは「http://www.example.jp/index.html」となります。

ただし、HTTP/1.1では**スキーム**（http:）や**オーソリティ**（//www.example.jp）を省略するのが一般的です。これはHTTP接続の確立前に、TCP接続でWebサーバーに接続されるため、わざわざプロトコルやホスト名を明示する必要がないためです。

リソースの位置情報にはサーバーからの相対的な位置を示す**相対URL**（5-5参照）を使用します。またオーソリティで示されるホスト名やポート番号は、ヘッダー内の「Host:」ヘッダーで指定します。

```
GET /index.html HTTP/1.1
Host: www.example.jp
```

一般的にリクエストURLには、スキームやオーソリティを除いたパス以降のURLを指定しますが、プロトコル名やホスト名を含んだ絶対URL（5-5参照）で指定することも可能です。たとえば、Webサーバーへのアクセスの中継・代理を行うプロキシサーバー（6-2参照）に対してリクエストを送信する場合は、ホスト名を含んだ絶対URLを用います。

```
GET http://gihyo.jp/magazine/wdpress HTTP/1.1
```

なおURLのフラグメント（5-3参照）は、リクエストURLに含まれません。ページ内の特定の場所を示すアンカーの指定に使用されるフラグメントは、クライアント内部で処理されるためです。

⦿ HTTPバージョン

末尾の**HTTPバージョン**には、「HTTP /1.1」など使用するプロトコル名とバージョンを指定します。なお該当バージョンで使用するには、クライアントとサーバーの両方で対応している必要があります。

● ヘッダー

リクエストメッセージの2行目から空行（CR＋LF）までが**ヘッダー**です。ここではクライアントからサーバーに対して送信するリクエスト内容を詳細に記述しています。たとえば「Host:」ではホスト名、「Cookie:」ではクッキーを指定します。

ヘッダーは以下のように記述します。

■ ヘッダーの書式

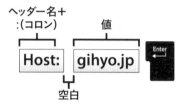

Chromeブラウザーでリクエストメッセージのヘッダーを確認することが可能です。

右上のハンバーガーアイコン（三点のアイコン）から「その他のツール」－「デベロッパーツール」を選択します（①）。デベロッパーツールが起動すると、Chromeの画面が左右に分割して、右側にデバック画面が表示されます。「Network」タブをクリックしてから（②）、https://gihyo.jp/にアクセスし（③）、任意のリクエストを選択し（④）、「Headers」タブに切り替えると（⑤）、右ページ図のようにヘッダーの内容を確認できます（⑥）。

■ Chromeでリクエストメッセージのヘッダーを確認する

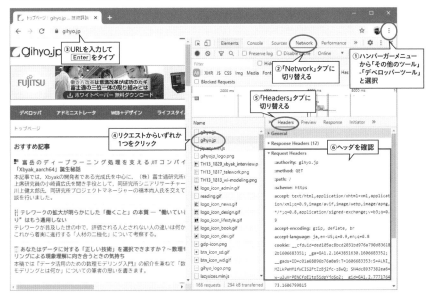

リクエストメッセージのみ使用されるヘッダーや、レスポンスメッセージにも使用される**一般ヘッダー**、転送されるコンテンツに関する**エンティティヘッダー**などの種類があります。

HTTP/1.1で定義されているヘッダーだけで40種類近く存在し、拡張ヘッダーまで含めるとさらに数が増えます。なお必須になるヘッダーは「Host:」のみです。それ以外はオプションとなります。

Webアプリケーションの開発や、サーバーのチューニングを行う際は、適切にヘッダーを設定することが重要です。これによって転送速度や処理速度の向上や、クライアントの処理能力の向上が期待できます。

■ 主なHTTPヘッダー（リクエストメッセージ）

ヘッダー名	説明
Accept	クライアントの受け入れ可能なコンテンツタイプをサーバーに通知する
Accept-Charset	クライアントの受け入れ可能文字セットをサーバーに通知する
Accept-Encoding	クライアントの受け入れ可能な文字エンコーディングをサーバーに通知する
Accept-Language	クライアントの受け入れ可能な言語を示すサーバーに通知する
Authorization	クライアントの認証情報をサーバーに通知する
Cookie	クライアントのクッキーをサーバーに返す
Expect	クライアントが期待するサーバーの動作を通知する
From	リクエストしたユーザの電子メールアドレス
Host	リクエスト先サーバー名（およびサービスポート番号）
If-Match	条件に合致したときだけリクエストを処理するようにサーバーに要求する
If-Modified-Since	指定日時以降にリソースが更新されている場合はリクエストの処理をサーバーに要求する
If-None-Match	If-Matchの反対、条件に合致しなかった場合のみリクエストを処理するようサーバーに要求する
If-Range	条件に合致した場合のみ、指定したリソースの一部をレンジ（範囲）で要求する
If-Unmodified-Since	If-Modified-Sinceの反対、指定日時以降にリソースが更新されていなかったらリクエストの処理をサーバーに要求する
User-Agent	ブラウザータイプやバージョンなどの情報をサーバーに通知する

■ 主な一般ヘッダー

ヘッダー名	説明
Cache-Control	キャッシュ動作を指示する
Connection	コネクションを管理する（「Connection: close」で切断する）
Date	メッセージが作成された日時

ヘッダー名	説明
Content-Encoding	ボディの圧縮方式
Content-Language	ボディに使われている自然言語
Content-Length	ボディのサイズ (バイト単位)

3

HTTP —— Web技術の基本プロトコル

　ヘッダーの行数や文字数はブラウザーやWebサーバーによって異なり、8K バイトや16Kバイトといった上限が設けられています。また使用可能なヘッダーや同じヘッダーが複数行指定されている場合の処理方法についても、ブラウザーやWebサーバーに依存します。

● ボディ

　ヘッダーの後の空行 (CR + LF) をはさんで続くのが**ボディ**です。ボディは省略可能です。リクエストラインでGETメソッドを指定した場合は、ボディを含まないリクエストメッセージをサーバーに送信できます。

　POSTメソッドを指定した場合はボディを使用します。URLエンコード (5-6 参照) やマルチパートエンコードを用いて、クライアントからサーバーに送信するデータをエンコードしたものをボディに埋め込んで送信します。

■ ボディがあるリクエストメッセージ

POST /search.php HTTP/1.1	リクエストライン
Host: example.jp Connection: keep-alive Content-Length: 以下省略	ヘッダー
空行 (CR+LF)	
Key1=word&key2=test	ボディ

07 レスポンスメッセージ

HTTPメッセージのうち、サーバーからクライアントへのレスポンスで使用されるものをレスポンスメッセージと呼びます。このレスポンスメッセージの構造や中身について解説します。

● レスポンスメッセージの構造

レスポンスメッセージは1行目がステータスライン、2行目から空行までがヘッダー、空行の次から末尾までがボディで構成されています。レスポンスメッセージには、HTMLテキストや画像などのリソースとともに、成功や失敗といったリクエスト処理の結果も返送されます。

HTTPのようなリクエスト・レスポンス型のプロトコルでは、レスポンスに含まれるステータス（処理結果）が重要になります。成功した場合だけでなく、失敗した場合は何が原因となっているのか、サーバーからクライアントに知らせるようになっています。

■ レスポンスメッセージの構造

HTTP/1.1 200 OK	ステータスライン
Server: nginx **Date: Sat, 15 Mar 2014 03:37:14 GMT** **Content-Type: text/html; charset=UTF-8** **Transfer-Encoding: chunked** **Connection: keep-alive** **P3P: CP="NOI NID ADMa OUR IND UNI COM NAV"** **X-FRAME-OPTIONS: SAMEORIGIN** **Vary: Accept-Encoding:**	ヘッダー
空行（CR+LF）	
\<html>\<head>\<meta http-equiv="content-type" content="te.... 以下省略	ボディ

● ステータスライン

レスポンスメッセージの1行目にあたるのが**ステータスライン**です。以下の図にあるような書式を用います。

■ ステータスラインの書式

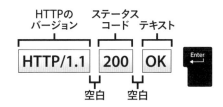

先頭の**HTTPバージョン**には、使用するHTTPのバージョンがセットされます。次の**ステータスコード**には100〜500番台で値がセットされます。最後の**テキスト**には、ステータスコードの概要を説明する短い文章がセットされます。

■ ステータスコード

ステータスコード	概要	説明
100番台	情報 (Informational)	処理が継続されていることを通知する。ほとんど使用されていない
200番台	成功 (Success)	リクエストの処理に成功したことを通知する
300番台	リダイレクト (Redirection)	リクエストを完遂するには、さらに新たな動作が必要であることを通知する
400番台	クライアントエラー (Client Error)	リクエストの内容に問題があるためリクエスト処理に失敗したことを通知する
500番台	サーバーエラー (Server Error)	リクエスト処理中にサーバーにエラーが発生したことを通知する

ステータスコードを確認すればリクエストが成功したのか、それとも失敗したのかがわかります。また失敗した場合も値によって何が原因だったかを探ることができます。

ステータスコードはプログラムが処理しやすいように3けたの整数値が用いられており、クライアントはステータスコードによって、次に何を行ったらよいのかを判断します。

　たとえばステータスコード「404」の場合は、指定されたWebページが無いことがわかるため、ブラウザーに「Not Found（ページが見つかりません）」と表示させることになります。

■ ステータスコード「404」でブラウザーに表示される画面

　Webサーバーから以下のようなレスポンスメッセージを受け取った場合、ステータスコード「302」であることから別のURLへ移動したことがわかります。代わりに新しいURLが「Location:」ヘッダーに示されています。

```
HTTP/1.1 302 Moved Temporarily
Connection: keep-alive
Content-Type: text/html; charset=UTF-8
Location: https://gihyo.jp    ←新しいURL
（空行）
省略
```

　ステータスコードは先頭の1けた目で大まかに分類できるため、コードが何に該当するか知らなくても、おおよその推測が可能です。たとえば、ステータスコード「599」は500番台であることから、サーバー側で何らかのエラーが発生していることがわかります。

　ステータスコードは、インターネットで使われるIPアドレスやポート番号の割り当てや管理を行っている**IANA**によって管理され、2021年8月現在、60種類を超えるコードが登録されています（https://www.iana.org/assignments/

http-status-codes/http-status-codes.xhtml）。

　またW3CがまとめたRFC 7231（https://tools.ietf.org/html/rfc7231）では、1けた目を分類分けで使用していますが、後ろ2けたについては特に規定されていません。そのため1けた目の分類ルールさえ守られていれば、Webアプリケーションの開発側が独自のステータスコードを割り振ることもできます。

● ヘッダー

　レスポンスメッセージの2行目から空行（CR＋LF）までが**ヘッダー**です。サーバーからクライアントに対するレスポンスの内容をより詳細に記載しています。

　たとえば「Server:」ヘッダーではWebサーバーのソフトウェア名やバージョン番号を返したり、「Location:」ヘッダーではリソース本来の場所を返したりします。ヘッダーの書式はリクエストメッセージのヘッダーと同じです。

■ ヘッダーの書式

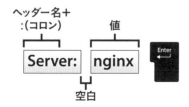

　Chromeブラウザーでは、リクエストメッセージと同様の手順（**3-6**参照）でレスポンスメッセージのヘッダーを確認できます。

■ レスポンスメッセージのヘッダーを確認する（Chrome）

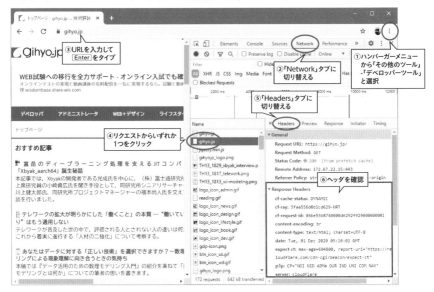

　レスポンスメッセージで主に使用されるヘッダーは以下の表の通りです。**一般ヘッダー**やコンテンツに関する**エンティティヘッダー**、一部のヘッダーは、リクエストメッセージのヘッダーと共通で使用されています。

■ 主な HTTP ヘッダー（レスポンスメッセージ）

ヘッダー名	説明
Accept-Ranges	リクエストされたリソースをレンジ（範囲）で転送できるかを通知する
Age	リソースが生成されてからの経過時間を秒単位で返す
ETag	リソースが更新されたか検知するためのエンティティタグ値
Location	リダイレクト先の URL
Proxy Authenticate	プロキシサーバーからクライアントに対してリクエストの再送を要求し、同時にプロキシサーバーがサポートしている認証方式を通知する
Retry-After	リクエストの再送をして欲しい時間をクライアントに通知する

ヘッダー名	説明
Server	サーバーのソフトウェア名やバージョン情報
Vary	サーバーがレスポンス内容を決定するコンテントネゴシエーションを行った際に用いたリクエストURL以外のヘッダーのリスト
WWW-Authenticate	クライアントに対してリクエストの再送を要求し、同時にサーバーがサポートしている認証方式を通知する

■ 主な一般ヘッダー

ヘッダー名	説明
Cache-Control	キャッシュ動作を指示する
Connection	コネクションを管理する（「Connection: close」で切断）
Date	メッセージが作成された日時

■ 主なエンティティヘッダー

ヘッダー名	説明
Content-Encoding	ボディの圧縮方式
Content-Language	ボディに使われている自然言語
Content-Length	ボディのサイズ（バイト単位）

● ボディ

　ヘッダーの後の空行（CR + LF）をはさんで続くのが**ボディ**です。サーバーからクライアントに対して転送したいデータがある場合に使用します。ブラウジングにおいては、ボディを使ってHTMLテキストや画像など、Webページの表示に必要なデータの転送に使用します。

　レスポンスメッセージにおいても、リクエストメッセージと同様にボディが省略される場合があります。たとえばクライアントからサーバーに対して、ヘッダーを取得するためのHEADメソッドがリクエストされると、そのレスポンスメッセージのボディは空になります。

08 転送効率を上げるしくみ
—— HTTPキープアライブ、パイプライン処理

HTTPのしくみは非常にシンプルですが、大量のアクセスにも対応できるよう、さまざまなしくみが採用されています。HTTPの高効率化は、Web技術が大規模システムで採用されている大きな理由の1つです。

HTTP 1.0までのリクエストとレスポンス

HTTP/1.0では、リクエスト・レスポンスのやり取りを行うたびに、TCPコネクションの接続・切断が行われていました。TCPコネクションの接続や切断がひんぱんに行われると、Webサーバーやネットワークに対して大きな負担がかかります。Webが普及した当初はホームページのサイズが小さく、使用される画像も多くなかったため、それほど大きな問題になりませんでした。

■ HTTP/1.0のTCPコネクション

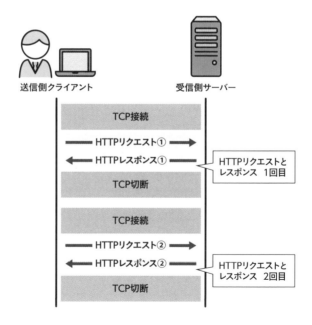

しかし、その後ホームページで多種多様なコンテンツが使用されるようになりました。現在のWebページは1ページを表示させるために100個以上のリソースをダウンロードすることも珍しくありません。1クライアントだけでそれだけのTCPコネクションの生成が必要となるため、10クライアントから同時にリクエストを受け付けると、「10クライアント×100リクエスト＝1,000コネクション」が発生し、サーバーにかかる負担も増大します。

● HTTPキープアライブ

その課題を解決するために、HTTP/1.1では、**持続的接続**（Persistent Connection）に対応しました。持続的接続では、1つのTCPコネクションを使い回して1回目のリクエスト・レスポンスで使用したものを2回目以降も再利用します。HTTPの持続的接続機能を **HTTPキープアライブ**（HTTP Keep-Alive）と呼びます。

■ HTTPキープアライブ

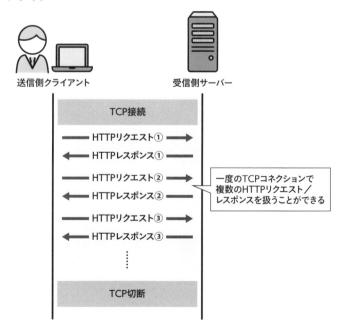

083

● パイプライン処理

HTTP/1.1以降、クライアントがレスポンスを待たずに続けてリクエストを送信できる**パイプライン処理**（Pipelining）にも対応し、さらに効率よくリクエスト・レスポンスを処理することが可能になりました。

HTTPキープアライブを使用しても、1回のリクエストに対して転送できるリソースは1つなのは変わりません。といって1回のリクエスト・レスポンスでの処理内容を複雑にすると、結果的にWebサーバーのレスポンスが低下し、シンプルな実装というHTTPのメリットが失われます。

たとえば食事を大人数に配るとき、前菜からデザートまでをすべて用意して同時に運ぶようにすると、全員に配り終えるまで相当な時間を要しますが、まず最初は全員に前菜、次はスープというように、一品ごと配るようにしたほうが結果的に効率がよくなります。これと同様にHTTPでも同じように、1回の処理を小さくすることで処理全体を効率化しています。

■ パイプライン処理による効率化

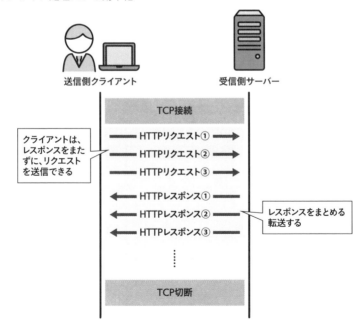

09 転送効率を上げるしくみ
── 圧縮転送、データ分割転送

3-8では、TCPコネクションに対する改善で効率化を実現したことを解説しましたが、データの圧縮や分割などの機能によってデータの転送を改善されました。

● データ転送時の効率化

　HTTPでサーバーからクライアントにデータを転送する際、サーバー側ではさまざまな機能によって転送の効率化を図っています。これらの処理はサーバー処理の負担増につながりますが、最近ではCPUの高性能化やメモリーの大容量化などが進んだことによって、以前と比べると相対的に負担は軽くなっています。

● エンコーディング

　HTTPの良さはしくみがシンプルなところであることはすでに述べました。1つ1つの処理が軽いため、大量のリクエストにも対応できますが、サーバーのCPUに余裕があれば、コンテンツの圧縮転送やデータの分割転送など、より効率的な転送を可能にする機能が利用できます。
　圧縮転送はコンテンツを変換することから、**コンテンツエンコーディング**と呼びます。それに対し、分割転送は転送方式を最適化することから**転送エンコーディング**と呼びます。

● 圧縮転送

　圧縮転送とは、コンテンツを圧縮してサイズを小さくしてから転送することです。ネットワークにかかる負担を抑え、大量のデータ転送を可能にします。サーバーやクライアントの処理能力が低い場合は、圧縮や展開が大きな負担と

なりますが、現在では性能が格段に向上したため、それほど負荷をかけずに実行できるようになりました。

　コンテンツを圧縮転送するには、クライアントからサーバーへのリクエスト時に「Accept-Encoding:」ヘッダーでクライアントが対応する圧縮方式をサーバーに通知します。それに対するレスポンスとして「Content-Encoding:」ヘッダーで実際に使用した圧縮方式が記述され、ボディには圧縮されたデータが埋め込まれます。

　レスポンスを受け取ったクライアントがボディを解凍しリソースを取り出します。JPEGのような元から圧縮されたコンテンツでは効果が薄いものの、テキストデータのような圧縮効果が高いファイルには有効な手段です。

■ 指定可能な圧縮方式

圧縮方式	説明
gzip	ファイル圧縮プログラム「gzip (GNU zip)」の圧縮形式
compress	UNIXで一般的だったファイル圧縮プログラム「compress」の圧縮形式
deflate	「deflate」アルゴリズムと「zlib」フォーマットの圧縮形式
identity	圧縮しない場合に指定する。なお「Accept-Encoding」ヘッダーでのみ使用し「Content-Encoding」ヘッダーでは使用しない

■ 圧縮転送

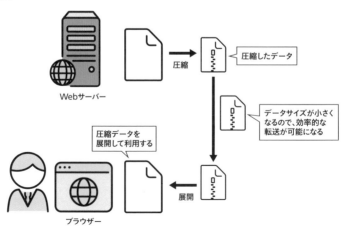

086

● 分割転送

分割転送とは、サーバーからクライアントに大きなサイズのデータを転送する際、サーバーでデータを分割してから転送することです。これによって、クライアントではデータ転送が完了するのを待たずに、受信したデータから順番に処理できます。

たとえば、大きなサイズの画像データの送付で分割転送を用いれば、全データの受信完了を待たずに、受信データから順番に画面に表示できるようになります。

■ 分割転送

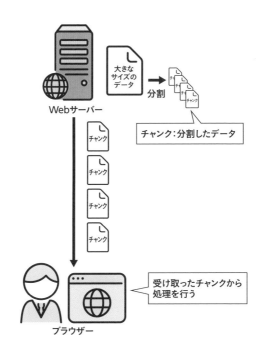

分割転送では、サーバーからクライアントにレスポンスを返す際、「Transfer-Encoding: chunked」ヘッダーを挿入し、分割したデータをそのデータサイズとともにクライアントに転送します。すべてのデータ転送が完了して付記されたデータサイズが「0」になることで、クライアント側はリソースの転送完了を検知できます。つまりレスポンス開始時点でクライアント側がデータサイズを知らなくても、分割データの受け取りを開始できます。

　もし分割転送でなければ、すべてのデータのダウンロードが完了するまでブラウザーで表示できません。しかし分割転送であれば、分割データを受け取るたびにブラウザーでの表示を更新できるため、ユーザーのストレスを低減できるとともにサーバーの負担も軽くできます。

　またすべてのデータが用意されていない場合もすでにある部分から転送できるため、ファイル全体の生成が完了するまでバッファに貯めておくことなどが必要なくなります。

　なお大きなファイルのダウンロード中に一旦接続が途切れた後でも再度同じところからダウンロードする機能（**レジューム**）や、Googleマップのように画面のスクロールに応じて画像をダウンロードする機能（**レンジリクエスト**）がありますが、これらは分割転送とは異なる方法で実現されています。

4章

HTTPS・HTTP/2
── HTTPの拡張プロトコル

3章では、HTTP/1.1について解説しました。本章では、このHTTP/1.1では対応できなかったセキュリティ問題を解決するHTTPS、またHTTP/1.1の次のバージョンであるHTTP/2について解説していきます。

01 HTTPのセキュリティ機能の問題点

長年利用されてきたHTTP/1.1ですが、セキュリティの面では万全とはいえません。ここでは、HTTPはどのような問題点を抱えており、その解決手段としてどのようなものがあるかなどについて解説します。

● HTTPのセキュリティ機能の問題点

　HTTPはシンプルなアプリケーションプロトコルです。シンプルさがメリットとなる反面、不足している機能もあります。その1つがセキュリティに関する機能です。セキュリティに関して主に以下のようなデメリットがあります。

・通信が暗号化されていないため、盗聴を防ぐことができない
・サーバーのなりすましを防ぐことができない
・ホームページや通信内容の改ざんを防ぐことができない

■ HTTPのセキュリティ機能の問題点

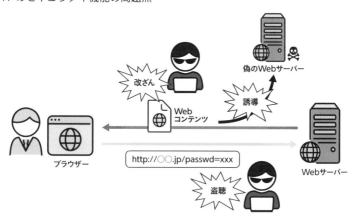

HTTP/1.1に限らず、インターネットで使用されるプロトコルの多くはセキュリティ面で不安を抱えており、拡張機能によってセキュリティ問題を解決しています。

HTTP/1.1では、WebクライアントからWebサーバーへのリクエストや、それに対するレスポンスのどちらも通信内容を暗号化していない**平文**でやり取りされます。そのため、通信経路上では通信内容の覗き見や収集（**盗聴**）が可能になっています。

盗聴は、ネットワークパケット解析ツールや、ネットワーク機器の解析機能などを使って行われます。ログインパスワードなど、簡易な暗号化やハッシュ化によって解読を難しくしているものもありますが、それ以外の通信については、通信経路上でかんたんに盗聴される危険があります。

HTTPだけでは、リクエストに対するWebサーバーからのレスポンスが正規のものかどうか確認できません。HTTPでは、URLによってWebサーバーを指定しますが、URLで指定したWebサーバーと、レスポンスを返してきたWebサーバーが同じものとは断定できないのです。さらにホームページをそのままコピーした偽のWebサーバーに誘導される**なりすまし**にはまる危険性もあります。

またWebサーバーから見ても、レスポンスを返すクライアントが正規のものか十分に確認する手段がありません。そのため、意味のないリクエストを大量に受け付けてサービス不能に陥ってしまう**DoS攻撃**などのリスクを抱えています。

なりすましのような大胆な手段でなくても、Webサーバーに侵入して**Webページの改ざん**や、**不正なプログラムによるユーザー情報の搾取**、**コンテンツ書き換えによるウイルスのばらまき**などによって、自身だけでなく周りにも大きな被害を与えてしまいます。

また通信経路上でも通信内容が盗聴されたり、その内容を書き換えられる可能性もあります（**中間者攻撃**）。このような悪意を持った第三者による攻撃を防ぐには、Webサーバー上にあるデータと、クライアントがダウンロードしたデータが同一かどうかをチェックしたり、通信経路上で改ざんされていないかチェックするなどの対策が必要です。

○ セキュアなHTTPS

　HTTPのセキュリティ面での不安を解消し、よりセキュアなWebアクセスを行うためのプロトコルが**HTTPS**（HyperText Transfer Protocol Secure）です。

　HTTPで送受信されるデータは、平文のままネットワーク上に流れます。そのためネットワーク経路上でパケットを盗聴され、データの内容を第三者に知られてしまう危険性があります。

　一方HTTPSでは、**SSL**（Secure Sockets Layer）や**TLS**（Transport Layer Security）」などのセキュアなプロトコルによって、送受信データを暗号化してネットワーク経路上での盗聴を防ぐことができます。そのような経緯から、古い資料では、HTTPSを**HTTP over SSL/TLS**と表記している場合もあります。

　SSL/TLSはインターネット上で通信を暗号化する技術として、HTTP以外のアプリケーションプロトコルでも活用されています。またクライアント/サーバー認証にも対応し、Webサーバーのなりすましを防ぐことでも利用されます。

　HTTPにおける問題点はHTTPSを利用することによって、以下のように克服できます。

■ HTTPSによりセキュアなWebアクセスが実現

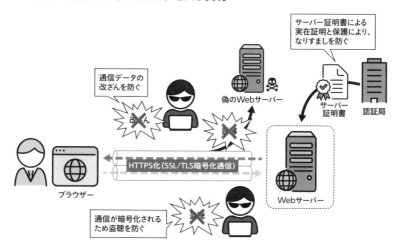

02 HTTPSへの対応

HTTPSを利用するには、Webクライアント（ブラウザー）とWebサーバーの両方が対応している必要があります。HTTPSへの対応方法について、ブラウザーとWebサーバーのそれぞれの視点で解説していきます。

● ブラウザーのHTTPS対応

2021年現在、PCやスマホで使用する主なブラウザーは、ほぼすべてHTTPSに対応しています。アドレスバーに「https://www.example.jp/」など、**「https://」**で始まるURLを指定することで、HTTPSによる暗号化通信を開始します。HTTPS通信に成功するとブラウザーの表示が変化し、鍵マークが表示されます。

■HTTPS通信を行った際に表示される鍵マーク（Chrome）

鍵マークがあることによって、Webサーバーとの通信が暗号化され、セキュアにWebアクセスが行われていることが確認できます。

最近では、HTTPよりHTTPSを使うことが一般的になっています。Webサーバーによっては、HTTPでリクエストがあった場合もプロトコルを自動的にHTTPSに切り替え、ブラウザーに対してHTTPSリクエストを再送するように要求します。これを**リダイレクト**と呼びます。

■ HTTPからHTTPSへのリダイレクト

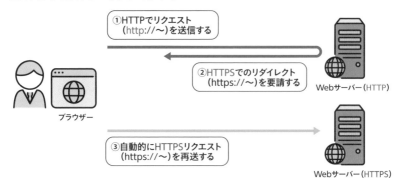

①HTTPでリクエスト
（http://〜）を送信する

②HTTPSでのリダイレクト
（https://〜）を要請する

Webサーバー（HTTP）

ブラウザー

③自動的にHTTPSリクエスト
（https://〜）を再送する

Webサーバー（HTTPS）

　ブラウザー側でも、HTTPSによるWebアクセスがデフォルトになっています。たとえばURLの頭に「http://」を付けず、「www.example.jp」とサーバーのアドレスだけを指定した場合は、自動的に「https://www.example.jp/」とHTTPSアクセスのURLに加工してからWebサーバーへのアクセスを行います。

　また、HTTPにしか対応していないWebサーバーへのアクセスを危険と見なし、保護されていないことを知らせる**警告マークとメッセージ**が表示されることもあります。

■ HTTPによるWebアクセスが保護されていないことを示すマーク

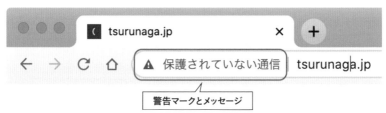

tsurunaga.jp

⚠ 保護されていない通信　tsurunaga.jp

警告マークとメッセージ

⬤ WebサーバーのHTTPS対応

　WebサーバーでHTTPSに対応するには、**サーバー証明書**（**4-4**参照）が必要です。サーバー証明書には、通信の暗号化に必要な鍵とWebサイト運営者や所有者の情報を含んでおり、サーバー証明書によって**通信の暗号化**、**なりすましの防止**、**改ざんの防止**などが可能になります。

■ サーバー証明書のインストールでHTTPSに対応

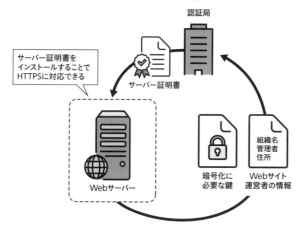

　WebサーバーがHTTPSに対応していない場合は、Webサーバーのフロントエンドに、HTTPSに対応した**リバースプロキシサーバー**（**6-2**参照）を置くことで、クライアントからのHTTPSリクエストに応えられるようになります。

　Webアクセラレーターやロードバランサーなどのネットワーク機器にもリバースプロキシ機能を備えたものがあり、Webサーバーをバックエンドに置いて、HTTPSリクエストを代理応答することも可能です。

■ HTTPS対応のリバースプロキシサーバー

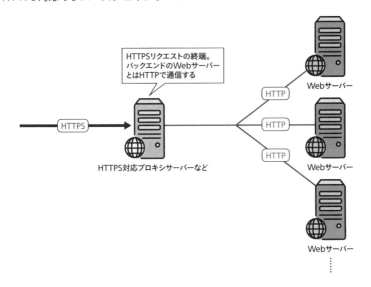

HTTPSリクエストの終端。
バックエンドのWebサーバー
とはHTTPで通信する

HTTPS

HTTPS対応プロキシサーバーなど

HTTP

HTTP

HTTP

Webサーバー

Webサーバー

Webサーバー

　HTTPS対応に必要なサーバー証明書は、**認証局**と呼ばれる信頼のおける第三者の発行機関でWebサイトの運営者や所有者の審査を経た上で発行されます。

　認証局を使用せず、自前でサーバー証明書を発行することも可能ですが、正規のサーバー証明書とは見なされず、ブラウザーにその旨を記したメッセージが表示されます。

■ 正規の認証局以外が発行したサーバー証明書を使った際に表示されるメッセージ

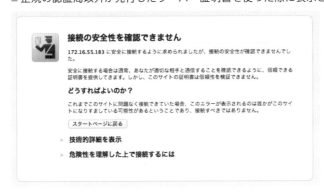

03 HTTPSのしくみ

クライアントから Web サーバーに HTTPS リクエストが送られると、HTTPS による
暗号化通信を開始します。この暗号化通信を実現するために必要なセキュアプロト
コルが SSL/TLS です。

● SSL/TLS とは

SSL（Secure Sockets Layer）や **TLS**（Transport Layer Security）は、インター
ネット上での通信を暗号化するための技術です。現在でも Web アクセスに限
らず、他のアプリケーションプロトコルにおいても暗号化通信の要となってい
る技術の1つです。

　SSL はバージョン 3.0 まで開発され、その後 TLS 1.0 がリリースされました。
SSL も TLS も同じしくみにより暗号化通信を実現しており、仕様もわずかに異
なるだけですが、互換性はありません。

　現在実際に使用されているのは TLS のみで、SSL は使用されていません。し
かし、歴史的に SSL が長く使用され一般的に認知されているため、SSL/TLS と
併記したり、単に SSL とだけ表記される場合もあります。

■ SSL/TLS のバージョン

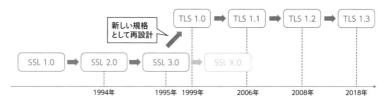

　古いバージョンの SSL/TLS には、条件が揃えば暗号化された通信の解読が
可能になるなど、セキュリティ面で脆弱性があり、2021 年 8 月現在、TLS 1.2
以降を使用することが推奨されています。そのため多くの Web サーバーでは、

TLS 1.2を使用したHTTPSがサポートされています。またブラウザーでも、古いSSL/TLSが使用された場合に警告を表示したり、アクセスをブロックしたりするようになっています。

　2021年8月現在、TLSの最新バージョンは、2018年8月にリリースされたTLS 1.3です。TLS 1.2以前のバージョンに存在した古い暗号アルゴリズムが削除されたり、新たなハンドシェイクのしくみが導入されるなど、通信パフォーマンスに関する改善が主に行われています。

　よりセキュアな暗号化通信を実現するために、Webサーバーのソフトウェアやブラウザーを随時アップデートして、常に最新のTLSを使用するようにしてください。

● 共通鍵暗号方式と公開鍵暗号方式

　SSL/TLSによる暗号化通信では、**共通鍵暗号方式**と**公開鍵暗号方式**の2つの暗号化方式を使用します。共通鍵暗号方式では、暗号化と復号に同じ鍵を使用するのに対し、公開鍵暗号方式では、暗号化と復号に別々の鍵を使用します。

　共通鍵暗号方式では、**送信元での通信内容の暗号化と、受信側での復号に同じ鍵**を使用します。そのため、鍵を送付しておくなどして、あらかじめ共有しておく必要があります。鍵を送付する際に第三者に盗聴されてしまうと、通信内容が復号され解読されてしまいます。

■ 共通鍵暗号方式

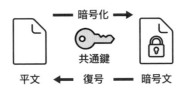

公開鍵暗号方式では、**暗号化に公開鍵、復号に秘密鍵**を使用します。公開鍵だけを送信側の暗号鍵として公開し、その公開鍵で暗号化された通信内容を秘密鍵を使用して復号します。

　公開鍵によって暗号化されたメッセージは、ペアとなる秘密鍵を使用しない

と復号することができません。秘密鍵は他人に公開する必要がない鍵であるため、適切に保管しておけば本人以外はメッセージを解読できず、盗聴される危険性もありません。

■公開鍵暗号方式

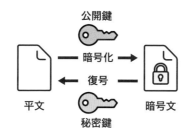

よりセキュアな暗号化通信の手順

通信データの暗号化に共通鍵を使用し、共通鍵の交換手順に公開鍵暗号方式を使用し、ブラウザーとWebサーバー間で、よりセキュアな暗号化通信を実現するための手順を以下に示します。

■SSL/TLS暗号化通信の手順

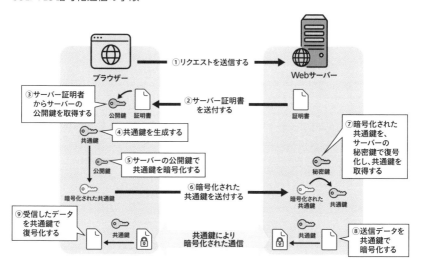

まずサーバー側で秘密鍵と公開鍵を作成し、リクエストを送信（①）したブラウザーに公開鍵付きサーバー証明書を送信します（②）。このとき信頼できる認証局によって発行されたサーバー証明書を使用することで、サーバーの身元はIPアドレスやホスト名レベルで保証されます。

このサーバー証明書からブラウザー側で公開鍵を取得します（③）。次にブラウザーでは共通鍵を生成（④）してサーバーに渡しますが、そのまま送信すると、ネットワーク経路上で共通鍵が盗聴される危険性があります。そこでサーバーから取得した公開鍵で共通鍵を暗号化（⑤）し、その鍵をサーバーに送付します（⑥）。

暗号化された鍵を元に戻せるのはサーバーの秘密鍵だけですので、その鍵を使ってサーバーは共通鍵を取得します（⑦）。これでブラウザーとサーバーで共通鍵を使った暗号化通信が可能になります（⑧）。

○ 常時HTTPS化

公開鍵暗号方式は、サーバーやブラウザーの負荷が高いため、通信内容の暗号化は負荷に小さい共通鍵暗号方式を用いて、共通鍵の交換で公開鍵暗号方式を使用するようになっています。この一連の流れを**TLS/SSLハンドシェイク**と呼びます。

通常のHTTPでは、ブラウザーとサーバー間のセッション確立に必要な手順はTCP 3ウェイハンドシェイクだけですが、HTTPSではこのTLS/SSLハンドシェイクが必要となります。

そのためHTTPSを利用すると、サーバーやブラウザーへの負荷が高くなるため、ログインページやオンライン決済など、安全性が求められる重要なコンテンツに限定して利用されていましたが、近年はハードウェアの高性能化が進んだため、この手続にかかる負荷も軽くなったこともあり、HTTPSをデフォルトで利用することが推奨されています。

04 サーバー証明書とは

4-3で解説した暗号化通信を実現するために必要なのがサーバー証明書です。この証明書がどういうものか具体的に見ていきましょう。

● サーバー証明書の役割

サーバー証明書は、Webサイト運営者の実在性を確認し、ブラウザーとWebサーバー間で暗号化通信で使用される電子証明書です。主な役割は以下の2通りです。

・Webサイト運営者の信頼性や実在性の証明
・通信データを暗号化する「鍵」

サーバー証明書を使用することで、サーバーの実在性をIPアドレスやホスト名レベルで保証します。これによってホスト名やIPアドレスを偽装したなりすましサイトを防ぐこともできます。

■ サーバー証明書の役割

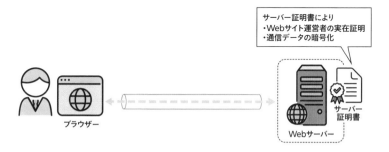

● サーバー証明書の発行手順

サーバー証明書は、**認証局**（CA：Certification Authorigy）と呼ばれる、第三者機関で発行される電子証明書です。その中で厳正な審査を受けて公に認められた認証局を**パブリック認証局**と呼びます。

一般的なブラウザーには、認証局の正当性を証明する**ルート証明書**が組み込まれています。パブリック認証局のサーバー証明書は、このルート証明書を使って検証することが可能です。もし正当であると確認できないサーバー証明書だった場合は、「信頼された証明機関から発行されていません」といったメッセージがブラウザーに表示されます。

サーバー証明書をパブリック認証局で発行してもらうには、Webサイト運営者の情報と暗号化通信に必要な鍵などを送ります。パブリック認証局では、それらの情報に加えて発行者の署名データを付けてサーバー証明書を発行します。

■ サーバー証明書の発行手順

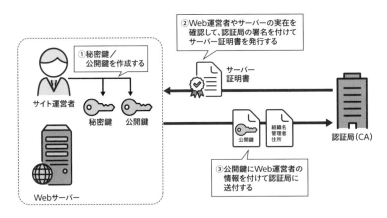

一方、独自に認証局を立ち上げて、サーバー証明書を発行することもできます。このような認証局を**プライベート認証局**と呼びます。

ブラウザーに組み込まれているルート署名書では、プライベート認証局が発行したサーバー証明書の正当性を検証できません。そこでプライベート認証局

の証明書を**信頼されたルート証明機関**としてインポートする必要があります。
これで「信頼された証明機関から発行されていません」といったメッセージが
ブラウザーに表示されなくなります。

　一定の条件を満たした場合のみ無償で発行するパブリック認証局も増えてい
ますが、一般的には証明書を発行する際に費用が発生します。そのため、ロー
カル環境などユーザーが限られる場合は、自前のプライベート認証局で発行し
たサーバー証明書を使用することでコストが抑えられます。自前でサーバー証
明書を作成することを**自己署名**または**自己発行**と呼びます。自己署名された
サーバー証明書では、Webサイト運営者の信頼性や実在性を保証できませんが、
暗号化通信は可能です。

● サーバー証明書の確認方法

　Webサイト運営者の身元やサーバー証明書を発行した認証局の情報など、
サーバー証明書の内容はブラウザーで確認できます。

■ サーバー証明書の詳細

05 サーバー証明書の入手

これまででHTTPSにおいてSSL/TLS暗号化通信を利用すること、そのためにサーバー証明書が必要となることを解説しました。ここでは、サーバー証明書の入手や作成方法について解説します。

● サーバー証明書の入手方法

4-4では、HTTPSでクライアントとサーバー間で暗号化通信を行うために、**公開鍵と秘密鍵のペア**と、公開鍵をもとに認証局で発行された**サーバー証明書**が必要となることを解説しました。このサーバー証明書は、以下の2通りの方法で入手します。

- ・プライベート認証局で自己署名のサーバー証明書を作成する
- ・パブリック認証局に公開鍵と身元証明書を送ってサーバー証明書を発行してもらう

パブリック認証局で発行されたサーバー証明書ではない場合、そのままではWebサーバーの実在や正当性を証明できませんが、単に通信を暗号化するだけであれば、自己署名のサーバー証明書でも可能です。

● サーバー証明書の発行で必要なもの

HTTPSに使用するサーバー証明書をパブリック認証局で発行する具体的な流れについて見ていきましょう。

Webサーバーにサーバー証明書をインストールするには、以下のファイルが必要です。なお ( ) 内のファイル名は一例です。

- ・秘密鍵 (server.key)
- ・CSR (server.csr)
- ・サーバー証明書 (server.crt)

サーバー証明書はWebサイトのドメイン名（たとえばwww.example.jp）か、IPアドレスに対して発行されます。自分が所有していないドメイン名やIPアドレスでサーバー証明書を発行してもらう場合は、本来の所有者に確認を取る必要があります。

各ファイルの作成には**パスフレーズ**が必要です。パスフレーズとはパスワードと同様に認証時に必要となる文字列です。また以下の表にあるWebサイトの運営者情報も事前に用意しておきます。

■ サーバー証明書発行時に必要なWebサイトの運営者情報

項目	説明	入力例
Country Name	国内であればJP	JP
State or Province Name	都道府県名	Tokyo
Locality Name	市町村名	Shinjuku-ku
Organization Name	組織名や団体名	Gijutsu-Hyoron Co., Ltd.
Organizational Unit Name	部署名	Web technology
Common Name	Webサーバーのドメイン名などサーバー固有の名称	www.example.jp
Email Address	Webサイト運営者のメールアドレス	foo@example.jp

この中でも特に重要なものが**Common Name**です。「www.example.jp」のようにドメイン名を含んだFQDN形式のホスト名か、IPアドレスを指定します。

サーバー証明書の強度を決める**鍵長**も事前に決めておきます。鍵長が大きくなるほど暗号強度は高くなります。以前は1024ビットが広く使われていましたが、2021年8月現在はより安全性の高い2048ビットを用いるのが一般的です。

なお各ファイルはセキュリティ上重要なファイルです。秘密鍵やサーバー証明書が盗まれるような事があると、通信データの盗聴や改ざん、Webサーバーの"なりすまし"といった脅威にさらされることになります。管理者以外アクセスされないように注意してください。

◎ サーバー証明書の発行手順

　ここから、作業環境としてLinuxディストリビューションのUbuntuを使用してサーバー証明書の具体的な発行手順について解説します。

　Ubuntuを起動し、CTRL + ALT + T を同時に押して**端末**（ターミナル）を開きます。

　発行にはOpenSSLパッケージに含まれるopensslコマンドを使用しますが、インストールされていない場合は、以下のようにインストールを実行します。

```
$ sudo apt -y install openssl
```

◎ 秘密鍵（server.key）の作成

　opensslコマンドを以下のように実行して秘密鍵（server.key）を作成します。

```
$ openssl genrsa -des3 2048 > server.key

Generating RSA private key, 2048 bit long modulus (2 primes)
....................................................................................
...................+++++
...+++++
e is 65537 (0x010001)
Enter pass phrase:    ←パスフレーズを入力して Enter
Verifying - Enter pass phrase:    ←パスフレーズを入力して Enter
```

■ opensslコマンドのオプション（秘密鍵の作成）

オプション	説明
genrsa	RSA形式の秘密鍵を作成する
-des3	DES3アルゴリズムで秘密鍵の暗号化を行う
2048	2048ビット長の鍵を作成する

● CSRファイル (server.csr) の作成

CSRファイル (server.csr) を作成します。CSRファイルには公開鍵とともに、サーバー証明書に発行に必要な情報を付加します。

```
$ openssl req -new -key server.key -out server.csr
Enter pass phrase for server.key: ←パスフレーズを入力して Enter
You are about to be asked to enter information that will be incorporated
into your certificate request.
What you are about to enter is what is called a Distinguished Name or a DN.
There are quite a few fields but you can leave some blank
For some fields there will be a default value,
If you enter '.', the field will be left blank.
-----
Country Name (2 letter code) [AU]:JP  ←国を入力
State or Province Name (full name) [Some-State]:Tokyo
 ↑都道府県を入力して Enter
Locality Name (eg, city) []:Shinjuku-ku       ←市区町村を入力して Enter
Organization Name (eg, company) [Internet Widgits Pty Ltd]:Gijutsu-Hyoron
Co., Ltd.   ←会社・組織名を入力して Enter
Organizational Unit Name (eg, section) []:Web technology
 ↑部署名を入力して Enter
Common Name (e.g. server FQDN or YOUR name) []:www.example.jp
 ↑サーバーのFQDNやIPアドレスを入力して Enter
Email Address []:foo@example.jp   ↑管理者のメールアドレスを入力して Enter

Please enter the following 'extra' attributes
to be sent with your certificate request
A challenge password []:  ←空行 Enter を入力する
An optional company name []:  ←空行 Enter を入力する
```

■ opensslコマンドのオプション (CSRファイルの作成)

オプション	説明
req	CSRファイル作成の際に指定する
-new	CSRファイルを新規作成する
-key 秘密鍵ファイル名	秘密鍵ファイルを指定する
-out CSRファイル名	出力するCSRファイル名を指定する

● CSRファイルの送付

　作成したCSRファイルを認証局に送って、サーバー証明書の発行を申請します。CSRファイルを生成する過程で作成した秘密鍵を盗み見られないようにして保管してください。

　CSRファイルを開くと、暗号化された文字列が「**-----BEGIN CERTIFICATE REQUEST-----**」と「**-----END CERTIFICATE REQUEST-----**」の間にはさまれていることがわかります。

```
-----BEGIN CERTIFICATE REQUEST-----
MIIC7jCCAdYCAQAwgagxCzAJBgNVBAYTAkpQMQ4wDAYDVQQIDAVUb2t5bzEUMBIG
A1UEBwwLU2hpbmp1a3Uta3UxITAfBgNVBAoMGEdpanV0c3UtSHlvcm9uIENvLiwg
THRkLjEXMBUGA1UECwwOV2ViIHRlY2hub2xvZ3kxFzAVBgNVBAMMDnd3dy5leGFt
cGxlLmpwMR4wHAYJKoZIhvcNAQkBFg9mb29AZXhhbXBsZS5qcAkwggEiMA0GCSqG
SIb3DQEBAQUAA4IBDwAwggEKAoIBAQDmJR4nACxCqKFEo6xZhI0o+9Wjo37OPcUc
S9KSBU5OHAveWMr+T0lQILtv5fbSs5gKRqnRxwCu6A6ciFswi/cMXNrjjsj7loct
N8q7pdQWwJb2IAdzttDKD9lKmYjHbJFzmfYwB2zkFhZ6gD/YLKoxOvfG3GpgtUpE
FadUMQroVdt5/OFK2rukrCWnjIFV4jNgoDZ4nm3ADM7Sfj8/D/YCDS1c1/jDObxV
```

```
BgkqhkiG9w0BAQsFAAOCAQEACs+s5cps9tsZWrp55Wyn4aUVtimNL+fgDqUpUW5D
du/2idXk+IXHx/kYQ6CMTG2ryiocWwJ5/92ZU5Wgbl0iypqcOpQ2+1HniUvjwhDu
wMQ2UyUiDxLo+4bbddNg5M9G5edVMh6Q0OKBcWfZ0iauxSJy7DhafHoMa54Qqzda
IR4/523M+zZ47D8reEL89uRWmJ2rxfQieMmQnlIFY+EjPOj0TxsYzLfKglsmXaXW
/LlXWVcl3CLaCOOlrEccVBgsyW0i6FUKGALJj+gIsfvCJDqO27uRqjufbFUyZYVn
VtWHuEQ4AbE5tgXRkn5stnaAJHsmS3VuW9yw9ztKlfSepg==
-----END CERTIFICATE REQUEST-----
```

　CSRファイルの内容は、以下のように確認します。Webサイト運営者の情報や鍵長などが正しく入力できているかを確認してください。

```
$ openssl req -noout -text -in server.csr
Certificate Request:
 Data:
  Version: 1 (0x0)
   Subject: C = JP, ST = Tokyo, L = Shinjuku-ku, O = "Gijutsu-Hyoron Co.,
Ltd.", OU = Web technology, CN = www.example.jp, emailAddress = foo@example.
jp¥09  ←Webサイト運営者の情報
```

```
  Subject Public Key Info:
 Public Key Algorithm: rsaEncryption
  RSA Public-Key: (2048 bit) ←鍵長
  Modulus:
   00:e6:25:1e:27:00:2c:42:a8:a1:44:a3:ac:59:84:
   8d:28:fb:d5:a3:a3:7e:ce:3d:c5:1c:4b:d2:92:05:
 省略
```

● 秘密鍵 (server.key)

　秘密鍵 (server.key) は暗号化されています。そのため秘密鍵を使用するためにはパスフレーズが必要です。Webサーバーソフトウェアによっては暗号化されたままの秘密鍵を開くことができなかったり、起動するたびに、パスフレーズの入力を求められたりします。その場合は秘密鍵を復号し、パスフレーズを入力しなくても開くことができるようにします。

　暗号化された秘密鍵を開くと、以下のように暗号化されたことを示す情報がファイルの冒頭に加えられています。

```
-----BEGIN RSA PRIVATE KEY-----
Proc-Type: 4,ENCRYPTED
DEK-Info: DES-EDE3-CBC,764552606E42E0B2
```

　このファイル (server.key) を復号するには、次のように実行します。

```
$ openssl rsa -in server.key -out server.key
Enter pass phrase for server.key:  ←パスフレーズを入力して Enter
```

● サーバー証明書を自己署名する

　プライベート認証局でもサーバー証明書 (server.crt) の発行は行うことが可能です。CSRファイル (server.csr) を作成するまでの手順は、パブリック認証局と同様です。ただしプライベート認証局の場合は、作成したCSRファイルに対して自己署名を行う必要があります。

　プライベート認証局のサーバー証明書は**有効期限**を事前に決める必要があり

ます。この有効期限が切れるとブラウザーに警告が表示され、新たなサーバー証明書を再インストールする必要があります。

パブリック認証局で発行されるサーバー証明書の有効期限は1年（365日）程度に設定するのが一般的です。なおブラウザーによっては、独自に有効期限を制限しているものもあり、Apple社のSafariでは最長13ヶ月に制限されています。

作成したCSRファイルに対して自己署名をするには、以下のように実行します。

```
$ openssl x509 -req -in server.csr -days 365 -signkey server.key -out
server.crt
Signature ok
subject=C = JP, ST = Tokyo, L = Shinjuku-ku, O = "Gijutsu-Hyoron Co., Ltd.",
OU = Web technology, CN = www.example.jp, emailAddress = foo@example.jp¥09
Getting Private key
Enter pass phrase for server.key:   ←パスフレーズを入力して Enter
```

■ opensslコマンドのオプション（CSRファイルの自己署名）

オプション	説明
x509	X.509形式の証明書を作成する
-in *CSRファイル名*	CSRファイルを指定する
-days *日数*	証明書の有効期限を指定する
-req	入力ファイルがCSRファイルであることを明示する
-signkey *秘密鍵ファイル名*	自己証明書作成時に使用するオプション。秘密鍵ファイルを指定する
-out *サーバー証明書ファイル名*	出力するサーバー証明書のファイル名を指定する

自己署名したサーバー証明書（server.crt）は、秘密鍵（server.key）と一緒にWebサーバーソフトウェアにインストールします。サーバー証明書（server.crt）を開くと以下のように、暗号化された文字列が「-----**BEGIN CERTIFICATE**-----」と「-----**END CERTIFICATE**-----」の間にはさまれているのがわかります。

```
-----BEGIN CERTIFICATE-----
MIID2TCCAsECFGvbSffFX0554hPLk/gG3vqUbxI4MA0GCSqGSIb3DQEBCwUAMIGo
MQswCQYDVQQGEwJKUDEOMAwGA1UECAwFVG9reW8xFDASBgNVBAcMC1NoaW5qdWt1
LWt1MSEwHwYDVQQKDBhaaWp1dHN1LUh5b3JvbiBDby4sIEx0ZC4xFzAVBgNVBAsM
DldlYiB0ZWNobm9sb2d5MRcwFQYDVQQDDA53d3cuZXhhbXBsZS5qcDEeMBwGCSqG
SIb3DQEJARYPZm9vQGV4YW1wbGUuanAJMB4XDTIwMTIwOTE4MjMxMFoXDTIxMTIw
OTE4MjMxMFowgagxCzAJBgNVBAYTAkpQMQ4wDAYDVQQIDAVUb2t5bzEUMBIGA1UE
BwwLU2hpbmp1a3Uta3UxITAfBgNVBAoMGEdpanV0c3UtSHlvcm9uIENvLiwgTHRk
LjEXMBUGA1UECwwOV2ViIHRlY2hub2xvZ3kxFzAVBgNVBAMMDnd3dy5leGFtcGxl
```

~~~

```
BU5OHAveWMr+T0lQILtv5fbSs5gKRqnRxwCu6A6ciFswi/cMXNrjjsj71octN8q7
pdQWwJb2IAdzttDKD9lKmYjHbJFzmfYwB2zkFhZ6gD/YLKoxOvfG3GpgtUpEFadU
MQroVdt5/OFK2rukrCWnjIFV4jNgoDZ4nm3ADM7Sfj8/D/YCDS1c1/jDObxVJI6M
lqor4swFDXMY7dy3QlNdBYs1ao6wnf4dLVWasVIHJyoamHl18eu4eSKK/n4FmesA
-----END CERTIFICATE-----
```

Webサイトの運営者情報や埋め込まれている公開鍵など、サーバー証明書（server.crt）の内容はopensslコマンドで確認できます。

```
$ openssl x509 -in server.crt -noout -text
Certificate:
 Data:
  Version: 1 (0x0)
  Serial Number:
6b:db:49:f7:c5:5f:4e:79:e2:13:cb:93:f8:06:de:fa:94:6f:12:38
   Signature Algorithm: sha256WithRSAEncryption
  Issuer: C = JP, ST = Tokyo, L = Shinjuku-ku, O = "Gijutsu-Hyoron Co.,
Ltd.", OU = Web technology, CN = www.example.jp, emailAddress = foo@example.
jp¥09
  Validity
Not Before: Dec  9 18:23:10 2020 GMT
Not After : Dec  9 18:23:10 2021 GMT
   Subject: C = JP, ST = Tokyo, L = Shinjuku-ku, O = "Gijutsu-Hyoron Co.,
Ltd.", OU = Web technology, CN = www.example.jp, emailAddress = foo@example.
jp¥09
  Subject Public Key Info:
Public Key Algorithm: rsaEncryption
 RSA Public-Key: (2048 bit)
省略
```

06 なりすましと改ざんの防止

HTTPSに利用することによって通信の暗号化の他、Webサイトのなりすましを防いだり、Webサイトの改ざんを防いだりすることもできます。

なりすましの防止

Webサイトのデータはかんたんにコピーできるため、悪意を持った第三者が偽のWebサーバーを用意し、たとえば「www.example.jp」によく似た「www.exanple.jp」などのURLで偽装すると、一見しただけでは区別が付きません。このように他の人のコンテンツを利用するなどして、その人であると誤認させ悪用しようとする行為を**なりすまし**と呼び、近年大きな問題になっています。

これらの行為からの被害を防ぐために、正規の認証局で発行されたサーバー証明書を利用します。

たとえば「www.example.jp」のサーバー証明書をコピーし、「www.exanple.jp」で悪用しようとしていたとします。ブラウザーで「exanple.jp」にアクセスすると、URL内のドメイン付きホスト名とサーバー証明書に埋め込まれたドメイン付きホスト名が一致しないため、ブラウザーに警告が表示されます。

またサーバー証明書をコピーした偽サイトにアクセスしても暗号化通信を開始できません。暗号化通信を開始するには、Webサーバーにインストールされた秘密鍵が必要になるためです。

Webサーバーは秘密鍵で通信の暗号化に必要な共通鍵を暗号化します（4-4参照）。暗号化された共通鍵を受信したブラウザーは、サーバー証明書に埋め込まれた公開鍵で復号します。通常、秘密鍵は厳重に保管されて悪用できないため、暗号化通信を開始できず通信エラーになります。

また偽サイトが偽のドメイン付きホスト名でサーバー証明書を用意していたとしても、それが正規の認証局によって発行されたものかどうかを確認することで、疑わしいサイトを検出できます。サーバー証明書はプライベートな認証

局での自己発行が可能ですが、自己発行されたサーバー証明書を使用すると、ブラウザーに警告が表示されます。

　ブラウザーに組み込まれた**ルート証明書**によって、サーバー証明書が認証局によって発行された正当なものかどうかで確認することもできます。ただし、ルート証明書で検証できるのは、**ルート認証局**と呼ばれる、最上位にある限られた認証局だけです。

　国内の多くの認証局は、ルート認証局によって承認された**中間認証局**であるため、実際には**中間CA証明書**をダウンロードし、ルート証明書で検証を行ってから、サーバー証明書を検証するという流れになっています。

■ルート証明書・中間CA証明書によってサーバー証明書を検証

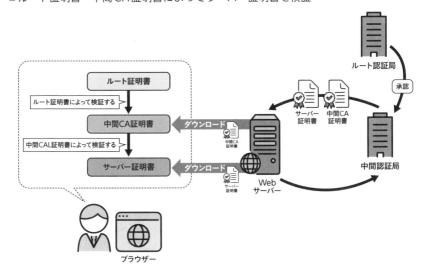

改ざんの防止

　HTTPSを利用することで通信経路上の盗聴を防げる他、通信経路上で悪意のある第三者がデータを書き換える、**改ざん**と呼ばれる行為を防ぐこともできます。

　改ざんを防ぐために、Webサーバーからの送信データとブラウザーでの受信データを比較して検証する**メッセージ認証**を利用します。

このメッセージ認証による改ざんの検知の流れを見ていきましょう。

Webサーバーは、送信するデータからハッシュ値（元データに対して一定の計算手順により求められる値）を計算して、共通鍵を使って暗号化します。それをMAC値としてデータと一緒にブラウザーへ送信します。

ブラウザーでは受信したデータのハッシュ値を求めます。受け取ったMAC値を共通鍵で復号化して、サーバー側で計算したハッシュ値を取り出し比較します。

特に問題ない場合はMAC値は一致しますが、もしデータが改ざんされていた場合は、MAC値が一致しないため、データが改ざんされたことを検知できます。その場合はデータを破棄し、データの再送を依頼することで正常なWebアクセスが可能になります。

なお、HTTPSによって通信経路上でのデータ改ざんは防げますが、Webサーバーへの侵入によるWebページの改ざんや、不正なプログラムの組み込みを防ぐことはできません。それらの悪意のある行為を防止するには別の対策が必要となります。

■ メッセージ認証による改ざんを検知するしくみ

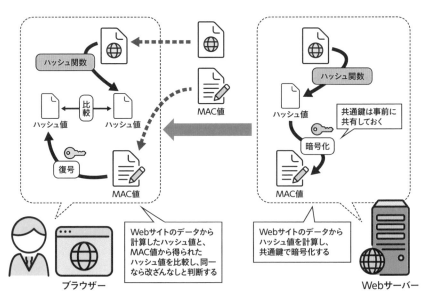

07 HTTP/2 の誕生

長年HTTP/1.1が使われていましたが、最近の主流はHTTP/2になってきています。HTTP/3も登場していますが、しばらくはHTTP/2が主流で利用されるはずです。ここでは、HTTP/2の基本知識について見ていきます。

HTTP/1.1の問題点

HTTP/1.1は1999年に標準化されて以来、長期間に渡って使われてきました。しかし、Webアクセスは飛躍的に増加し、HTTP/1.1では対応できない問題点が露呈してきます。中でもパフォーマンスに関する問題は、Webシステムの設計者や運営者を悩ませることになります。

Webシステムが生活基盤や企業活動を支えるインフラとして責務を全うするには、大量のアクセスが発生しても、高レスポンスを維持する必要があります。一方でWebサイトのコンテンツは年々派手になり、リッチコンテンツと呼ばれる大容量のファイルが使用されるなど、一度に配信するデータ量も多くなってきました。

シンプルであることを重要視して設計されたHTTP/1.1では、これらの問題に対処することが難しくなってきました。

■ HTTP/1.1の課題

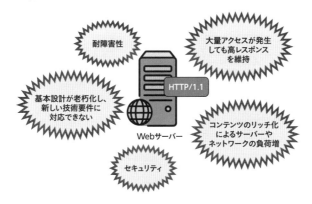

HTTP/1.1では、ブラウザーは原則1つずつしかリクエストを送ることができません。たとえば、Webページに画像が2点あった場合は、1つ目の画像を読み込んでから、次の画像の読み込みを開始します。

のちにHTTP/1.1でも**多重リクエスト**が可能となり、一度に複数コンテンツのダウンロードが可能になりましたが、処理はリクエストされた順番通りにしか行えないため、最初のリクエスト処理が遅いと、それ以降のリクエスト処理が待ち状態となり、Webページの表示に時間がかかってしまいます。

■ HTTP/1.1では1つずつしかリクエストを処理できない

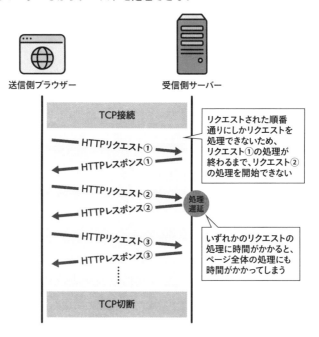

Webページをダウンロードするデータ量が多くなってきたこと以外に、HTTPリクエストやレスポンスでの**ヘッダー**などのデータ肥大化もHTTP/1.1の課題になっています。

◉ HTTP/2の誕生

HTTP/1.1に限界がきていたことから、新しいバージョンのHTTPを策定する気運が高まりました。インターネット技術の標準化団体である**IETF**（Internet Engineering Task Force）は、次世代のHTTPを策定するワーキンググループとして**HTTPbis**を発足して標準化作業を開始しました。

HTTPbisの目標は、パフォーマンスと信頼性の改善、Webシステムがインフラとしての重責を担えるようにすることです。ブロードバンドやモバイルなどの高速ネットワークが利用され、ネットワーク環境は大きく変化しました。ネットワークリソースを効率的に利用し、ネットワークが逼迫する事態を回避することやセキュリティ対策などが重要視されてきました。

新プロトコルの策定においては、すでに利用されていた技術や、大手インターネット企業の提案が大きく影響しました。たとえば、Google社の**SPDY**やMicrosoft社の**HTTP Speed+Mobility**などの技術が仕様提案として提出されました。また**Network-Friendly HTTP Upgrade**など、Webシステム視点で提案された技術要素もHTTP/2に大きな影響を与えました。

多くの提案の中でも実績を考慮されたGoogle社のSPDYがベースとなり、2015年11月に**HTTP/2**（Hypertext Transfer Protocol Version 2）と改称して標準化が完了しました。

■ HTTP/2の誕生

08 HTTP/2 の特徴

HTTP/2は、パフォーマンスとセキュリティの改善を大きな目標としています。多くの技術仕様が追加され、より効率的なネットワークリソースの活用が可能となっています。

● HTTP/2の特徴

　HTTP/2では、パフォーマンスとセキュリティの改善が重要視されたことは **4-7** で述べました。多くの機能が追加され、より効率的にネットワークリソースの活用が可能となりましたが、その中でも**HTTPセッションを張る際にTLSによる暗号化通信を行う**ことが大きな特徴です。

■ HTTP/2のプロトコルスタック

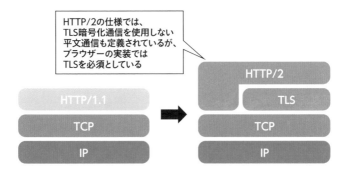

HTTP/2の仕様では、TLS暗号化通信を使用しない平文通信も定義されているが、ブラウザーの実装ではTLSを必須としている

　その他HTTP/2の主な特徴は以下の通りです。

- ・ストリームによる多重化とTCPコネクションの再利用
- ・バイナリーフレーム
- ・プロトコルネゴシエーション
- ・HTTPヘッダーの圧縮

・優先度によるストリーム制御

・サーバープッシュ

・常時TLS暗号化通信によるセキュリティの向上

ストリームによる多重化

HTTP/1.1では、HTTPリクエストが発生した際にTCPコネクションを開始し、レスポンスの完了を待って切断します。TCPコネクションを開始する際、TCPの3ウェイハンドシェイクを行う必要がありますが、さらにHTTPSによるSSL/TLS通信を開始するには、SSL/TLSハンドシェイクを行う必要もあります。これらのやり取りが大量に発生することで、ネットワークやWebサーバーに大きな負担がかかります。

HTTP/2では、1つのTCPコネクションを有効に使い回せるよう、**ストリーム**と呼ばれる仮想的な接続を生成します。ストリームの中で複数のリクエストとレスポンスを並列に処理することで多重化を可能にしています。

■ ストリームによるリクエストとレスポンスの多重化

ストリームには**ストリームID**と呼ばれる一意のIDが付与されます。なお、ストリームID 0はコネクション自体を指し、HTTPのやり取りには使用されません。

　ブラウザーから開始したストリームには奇数のストリームID、Webサーバーから開始したストリームには偶数のストリームIDが付与されます、一度使用したストリームは再利用されず、すべてのレスポンスが返ってくるとストリームは破棄されます。そのため、ストリームIDが重複することはありません。

　HTTP/2では、必ずストリーム単位でHTTPのやり取りを行います。通常HTTPでのやり取りはブラウザーから開始されますが、HTTP/2では**サーバープッシュ**（本項で後述）によって、Webサーバーからストリームを開始できます。

　HTTP/2では、TCPコネクションを使い回してストリームを生成します。TCPコネクションの再利用によって、TCPハンドシェイクにかかる負担を減らせますが、再利用が可能なTCPコネクションには制約が付いてきます。

　HTTP接続においてWebサーバーのドメイン名やIPアドレスが同一である場合は、TCPコネクションを再利用できます。たとえば「www1.example.jp」と「www2.example.jp」のようにホスト名は異なっても、ドメイン名とIPアドレスが同一であれば同じホストと見なし、TCPコネクションの再利用が可能です。

　HTTPS接続においては、ドメイン名とIPアドレスが同一であることに加え、サーバー証明書が共通して有効であることが条件として加わります。たとえばドメイン名とIPアドレスが同一である「www1.example.jp」と「www2.example.jp」でTCPコネクションを再利用する場合は、サーバー証明書も同一である必要があります。

　このように1つのサーバー証明書を2つのWebサーバーで使用するには、**ワイルドカード証明書**を使用します。ワイルドカード証明書は「*.example.jp」のように、コモンネームに「*」（アスタリスク）を指定したサーバー証明書です。

● バイナリーフレーム

　HTTP/1.1は**テキストベースプロトコル**です。半角の英字（a〜z、A〜Z）やアラビア数字（0〜9）、記号、空白文字などのASCII文字といったテキスト形式のメッセージでやり取りします。

一方、HTTP/2は**バイナリベースプロトコル**です。コンピューター処理に最適化された**フレーム**と呼ばれるバイナリーメッセージでやり取りを行います。

■ HTTP/2は「フレーム」でやり取りされる

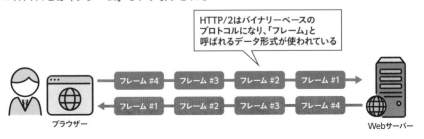

HTTP/2はバイナリーベースの
プロトコルになり、「フレーム」と
呼ばれるデータ形式が使われている

HTTP/2では10種類のフレームタイプが定義され、転送するデータの種類や役割に応じてフレームタイプを使い分けます。

■ HTTP/2のフレームタイプ

フレームタイプ名	フレームタイプ番号	説明
DATA	0	HTTPメッセージのボディを送信する
HEADERS	1	HTTPヘッダーを送信する
PRIORITY	2	ストリームの優先度を変更する
RST_STREAM	3	ストリームの終了を通知する
SETTINGS	4	接続に関する設定を変更する
PUSH_PROMISE	5	サーバープッシュを通知する
PING	6	接続状態を確認する
GOAWAY	7	接続を終了する
WINDOW_UPDATE	8	フロー制御
CONTINUATION	9	1フレームで送信しきれなかったデータを続けて送信する

表での定義に従うと、HTTP/1.1のリクエスト・レスポンスは、HEADERSフ

レームとDATAフレームの組み合わせで表現できます。

■HTTP/2はバイナリープロトコルとなり、フレーム単位で通信する

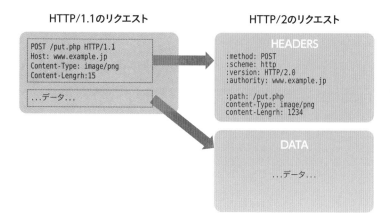

　すべてのフレームに、どのストリームのデータなのかを示すストリームID
が埋め込まれているため、フレームがバラバラに送受信されても、どのストリー
ムに属するフレームなのかがわかるようになっています。

◯ プロトコルネゴシエーション

　URLやポート番号だけでWebサーバーがHTTP/2対応なのかどうかを判断で
きません。そこで、ブラウザーとWebサーバー間でどのバージョンのHTTPを
使用するかを取り決める**プロトコルネゴシエーション**が必要となります。

　HTTP/2のプロトコルネゴシエーションには、いくつかの方式があります。

　アップグレード方式では、HTTP/2対応ブラウザーが最初はHTTP/1.1での手
順でWebサーバーに接続を行います。ただし自身がHTTP/2対応であることを
示すため、リクエストで「Connection:」ヘッダーや「Upgrade:」ヘッダー、
「HTTP2-Settings:」ヘッダーを送信します。WebサーバーがHTTP/2に対応し
ていた場合は、ステータスコードとして「101」を返し、HTTP/2コネクション
にアップグレードします。

　ALPN（Application-Layer Protocol Negotiation）方式では、ブラウザーが

使用可能なプロトコルのリストをWebサーバーに送信し、Webサーバーでは使用するプロトコルを選択してHTTPレスポンスに含めて返します。ブラウザー側で指定されたプロトコルに問題なければ、そのプロトコルで通信を開始します。

　TLS暗号化通信を必須としているHTTP/2では、ALPN方式を用いるのが一般的となっています。

■ALPN方式によるプロトコルネゴシエーション

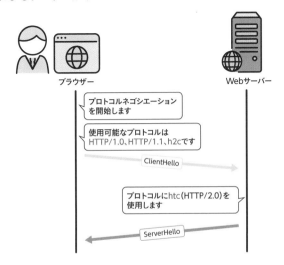

　その他にWebサーバーがHTTP/2に対応していることが事前にわかっている場合は、直接HTTP/2で通信を開始する**ダイレクト方式**もあります。

● HTTPヘッダーの圧縮

　リクエストとレスポンスには、Webページの画像やテキストなど目に見えるデータ以外に、**HTTPヘッダー**と呼ばれるパートがあり、このデータの肥大化がHTTP/1.1の課題になっていました。

　HTTPヘッダーには、通信やコンテンツに関わる重要な情報が埋め込まれているため省略できません。むしろネットワークやコンテンツが複雑になったこ

とにより、肥大化が進みました。

　そこで、HTTP/2ではHTTPヘッダーを圧縮して転送することが可能となりました。当初Deflateと呼ばれる圧縮アルゴリズムが検討されていましたが、脆弱性が見つかったため、複数の方式を組み合わせた **HPACK** と呼ばれる圧縮方式が採用されました。

　HPACKでは、一度送信したHTTPヘッダーを再度送信することはありません。新たに送信が必要なHTTPヘッダーのみを差分として抽出して送信します。

■ HPACK方式によるHTTPヘッダーの圧縮

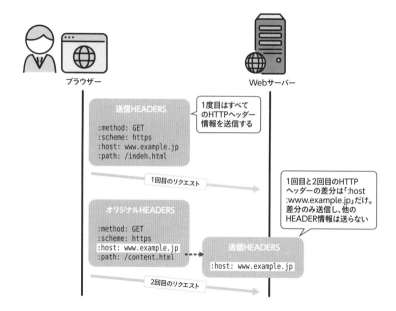

● 優先度によるストリーム制御

HTTP/1.1では、Webサーバーはリクエストを受信した順にレスポンスを返すため、Webページの表示に必要なコンテンツをすべてダウンロードできず、表示が遅くなるという問題がありました。

HTTP/2では、ストリームにより複数のリクエスト・レスポンスを同時に処理できるため、全データの受信を待たずにWebページの表示ができます。

またブラウザーはWebサーバーに対し、どのストリームを優先して欲しいかを**優先度**を付けて指定できます。これにより、Webページの表示に必須のデータを先に処理できるようになります。

たとえば、CSSファイルと画像ファイルを同時にリクエストした際、Webページの表示に不可欠なCSSファイルを先に取得するよう、ストリームの優先度を上げます。Webサーバーは優先度の高いストリームから処理を行い、優先度の低いストリームを後回しにします。

こうした**ストリーム制御**により、ブラウザーが指定した通りの順番でコンテンツを受け取ることができ、Webページの表示を最適化できます。

優先度の指定はHEADERSフレームで行います。またPRIORITYフレームで後から優先度を変更することも可能です。優先度の指定の際、**Dependency**と**Weight**というパラメータを用います。

Dependencyでは処理する順番、Weightは優先度を比率で指定します。たとえば、コンテンツAを処理してからコンテンツBを処理するなど処理順で指定する場合はDependency、コンテンツAとコンテンツBを「2：3」の割合で処理してほしい場合はWeightというように使い分けます。

■ フレームの優先度を指定することが可能

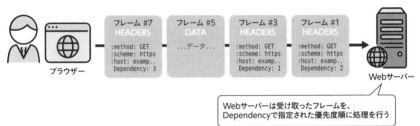

● サーバープッシュ

HTTP/1.1では、ブラウザーからリクエストを送信してからWebサーバーがレスポンスを返していました。HTTP/2では**サーバープッシュ**により、リクエストを待たなくても、Webサーバーからレスポンスを送信することが可能です。

たとえばWebページを表示する際、ブラウザーは最初にHTMLファイルをリクエストします。ブラウザーは受信したHTMLを解析して、Webページの表示に必要なCSSファイルや画像ファイルなどのコンテンツを追加リクエストします。

これをサーバープッシュに置き換えると、最初にHTMLファイルのリクエストを受け取った時点で、Webサーバーは、CSSファイルや画像ファイルも用意しておき、ブラウザーからのリクエストを待たずに、CSSファイルと画像ファイルを送ることが可能です。

ブラウザーはプッシュされたデータをキャッシュして、リクエストを送信する際にキャッシュを確認します。もし必要なデータがあればそれを使用することで、Webページの表示時間を短縮することが可能です。

■ サーバープッシュによりWebコンテンツを先出し

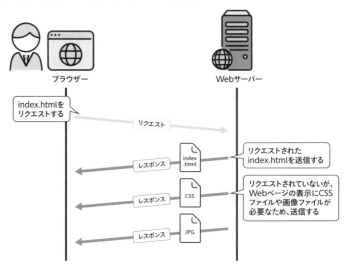

◉ 常時SSL／TLS暗号化通信によるセキュリティの向上

　現在では、セキュリティーを高めるために、**常時SSL/TLS暗号化通信**を行い、Webサイトの全ページをHTTPSでやり取りするのが一般化しつつあります。HTTP/2ではTLS暗号化通信を必須化することで、常時TLS暗号化通信を行っています。厳密には、HTTP/2の仕様上暗号化通信を使わないHTTPにも対応していますが、現在利用されている多くのブラウザーが、HTTP/2接続時にTLS暗号化通信を必須としているため、実質非暗号化通信でのHTTP/2が利用できない状況になっています。

　さらにHTTP/2で使用するTLS暗号化通信にも、セキュリティ上の問題を回避するための制限があり、TLS 1.2以降を使用する必要があります。それより古いバージョンのTLSには、脆弱性が見つかっているため、使用が制限されています。

■ HTTP/2ではTLS暗号化通信が必須

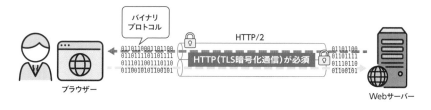

09 HTTP/2 の普及と課題

HTTP/2の標準化が完了したのは2015年です。5年以上が経過した2021年現在の普及状況と、さらに普及させるための課題について解説します。

● HTTP/2の普及

　HTTP/2で通信を行うには、ブラウザーとWebサーバーの両方が対応している必要があります。またブラウザー側の制約によって、TLS暗号化通信によるHTTPSが必須となるため、WebサーバーもTLS暗号化通信に対応する必要があります。2021年8月現在、主なブラウザーのHTTP/2対応状況は以下の表の通りです。

■ 主なブラウザーのHTTP/2対応

ブラウザー	対応バージョン
Internet Explorer	11以降
Microsoft Edge	すべて
Chrome	40以降
Firefox	36以降
Safari	9.0以降

　主なブラウザーはHTTP/2に対応しているため、普及の鍵はWebサーバー側にあります。WebサーバーソフトウェアがHTTP/2に対応し、TLS暗号化通信ができるようサーバー証明書をインストールしておく必要があります。

　主なWebサーバーソフトウェアのHTTP/2対応状況は、右ページの表の通りです。

■ 主なWebサーバーソフトウェアのHTTP/2対応

ソフトウェア	対応バージョン
Microsoft IIS	10以降
Apache HTTP Server	2.4.17以降
nginx	1.9.5以降
Tomcat	8.5.1以降

現在ではHTTPS通信でアクセスできない場合は、Webページに「保護され
ていない通信」や「安全ではありません」などの警告が表示されます。

■ ブラウザーに表示される警告 (Chrome)

■ WebアクセスがHTTP/2を使用したものであるかどうかは、ブラウザーで確
認することが可能です。

WebアクセスがHTTP/2を使用したものであるかどうかは、ブラウザーで確
認することが可能です。

■ WebサイトがHTTP/2対応かを確認する (Chrome)

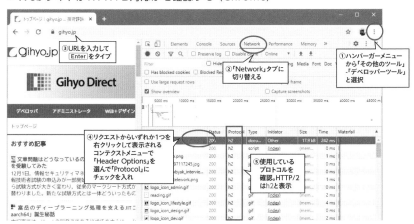

■ 拡張機能「HTTP/2 and SPDY indicator」でHTTP/2接続を確認する（Chrome）

● HTTP/2の課題

　W3Techsの調査（https://w3techs.com/technologies/details/ce-http2）による
と、2021年8月時点でのHTTP/2の普及率は45.8％で、HTTP/2未対応のWebサー
バーが半数以上を占めています。

　WebサーバーをHTTP/2対応にするには、サーバー証明書を取得してTLS暗
号化通信を行う必要があります。サーバー証明書の取得には、申請の手間や費
用がかかるため、小規模な個人サイトではこれらの面倒を敬遠しがちです。ま
たWebアクセラレーター（**6-4**参照）やロードバランサー（**6-5**参照）の導入
によって、HTTP/1.1でも十分なパフォーマンスが得られるため、そのような
対応を行うWebサイトもあります。

　またHTTP/2にもいくつか問題点があり、それらが普及の妨げになっていま
す。その1つが**TCP head-of-lineブロッキング**です。

　TCP head-of-lineブロッキングとは、TCPパケットを連続で送信する際、先
頭のパケット送信でエラーが発生すると、その再送処理が完了するまで後続の
パケットを送信できないというものです。

　HTTP/2ではストリームによってHTTP通信の多重化を可能にしていますが、
パケットロスが多いとTCP head-of-lineブロッキングが発生し、パフォーマン
スを悪化させる可能性があります。

　さらに、優先度によるストリームの制御や、サーバープッシュなどの
HTTP/2の機能も、ブラウザーごとに仕様が異なったり、対応されていないな
どの課題が残っています。

5章

▼

URI と URL
── Web コンテンツに
アクセスするしくみ

URL は、テレビ CM でも連呼されるものがある
など、世間でも広く使われている言葉です。一
方、URI はあまり使われていない言葉であるた
め、聞いたことがないという方がいるかもしれ
ません。本章では、これらの概要や違いなどに
ついて理解していきましょう。

01 URLとは

「URLにアクセスする」のように、URLは日常で使う言葉になっていますが、その意味をきちんと理解している人は少ないかもしれません。URLがいったいどのようなものかを見ていきましょう。

● URLとは

通常、ブラウザーのアドレスバーに「https://www.example.jp/index.html」などの文字列を入力してWebページにアクセスします。この文字列を**URL**（Uniform Resouce Locator）と呼びます。

URLは**どのような手順（プロトコル）**で、**どこのWebサーバー**にある、**どのようなコンテンツ**にアクセスするかを示し、その内容によってリクエストを送信します。URLによってリクエストを受け取ったWebサーバーは、指定された手順にしたがって要求されたコンテンツを送信します。

URLはWebアクセスに限らず、ファイルダウンロードサービスのFTPや、セキュアログインサービスのSSHなど、多くのサービスで利用されています。

■ WebページへのアクセスにおけるURLの構成

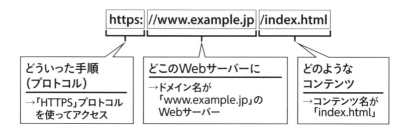

「https:」の部分は、どのプロトコルを使用するかを示します。前ページの図ではHTTPSプロトコルであることがわかります。

どこのWebサーバーにアクセスするかは「www.example.jp」で示します。通常はドメイン名もしくはIPアドレスで指定します。また「www.example.jp:80」のように、ドメイン名やIPアドレスの後ろにポート番号（**2-6**参照）を付けることもあります。ただし、HTTPプロトコルの80番、HTTPSプロトコルの443番はデフォルトのポート番号としてブラウザー側で設定されているため、省略可能です。

「/index.html」はどのようなコンテンツを取得するかを示します。「/index.html」の場合は、**/（ルート）**と呼ばれる場所にある「index.html」ファイルを送信します。

● WebページのアドレスとURL

「URL」と同じ意味でよく「アドレス」という言葉が使われますが、「URL」と呼ぶほうがより正確です。「IPアドレス」のようにアドレスと付く言葉が他にあるため、アドレスだけでは何を示すのかわかりづらいというのが大きな理由の1つです。

さらに「Webサイトのコンテンツ」には、単にサイトのアドレスだけではなく、画像やHTMLドキュメントなどのリソース（資源）も含むため、「これらのリソースを指定するためにURLを用いている」と説明するのがより的確といえるでしょう。

Webサイトへは、検索サイトやポータルサイト経由でたどることが多くなりましたが、ブラウザーのアドレスバーに直接URLを入力することもあります。適切なURLを設計することによって、ユーザーが入力しやすくなったり、検索サイトのランキングにも影響してきますので、URLを決める際は気を付けるようにしましょう。

02 URI と URL

5-1 では一般的によく使用される URL について解説しましたが、実は URL は URI の
サブセット（一部）です。その他にも URN という概念もありますが、表記が似ている
ため混乱しがちです。

● URI・URL・URN の関係

Web ページのアクセスに必要なアドレスを URL（Uniform Resouce Locator）
と呼ぶことは 5-1 で解説しました。URL は **URI**（Uniform Resource Identifier）と
呼ばれる識別子のサブセット（一部）です。

本書では用語として **URL** を使用していますが、より広義である URI で説明
している資料もあります。また URI は URL に **URN**（Uniform Resource Name）
の概念を加えたものの総称です。

■ URI・URL・URN の関係

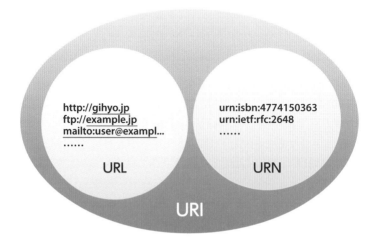

URLはサイトがどこにあり、どのリソースをダウンロードすればよいのか場所や位置を示しますのに対し、URNは識別に用いられます。

たとえば、書店に並んでいる本にはISBN（International Standard Book Number）と呼ばれる一意のコード（国際標準図書番号）が振られているため、ISBN番号で書籍を特定することが可能です。

ISBNをURNを使って表すと、以下のようになります。

5

```
urn:isbn:9784774150369
（「ISBN:9784774150369」は拙著の「サーバー構築の実際がわかる Apache[実践]運用/
管理 (Software Design plus)」）
```

URLはサイトやリソースがどこにあるかは示しますが、サイトが移動した場合は新たなURLを振り直す必要があります。URNは世界で唯一のIDを割り振ることで、永続的にアクセスできるようにと考案されましたが、現在ではほとんど使用されていません。

なお**W3C**がまとめたRFC 3305（http://www.ietf.org/rfc/RFC3305.txt）では、用語としてURLやURNではなく、URIを使うように提案されていますが、本書では一般的なURLを使って解説しています。

■ 書籍に記載されているISBNコード

ISBN978-4-7741-5036-9
C3055 ¥2980E

定価（本体2980円＋税）
M-code 436061

9784774150369

1923055029804

03 URLの構文

ここでは、URLの構文や使用可能な文字など、URLのフォーマットについて解説していきます。

● URLの構文

URLは以下の図にあるパートで構成されています。

■ URLの構文

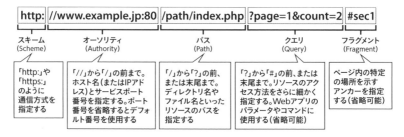

●スキーム

一番左に位置するものは**スキーム**（Scheme）と呼ばれ、通信方式であるプロトコルを表します。Webシステムではスキームに「http:」または「https:」を使用しますが、他にもファイル転送サービスの「ftp:」や、電話サービスの「tel:」などのスキームが存在します。

インターネットで使用されるIPアドレスやポート番号の割り当てや管理を行う**IANA**（Internet Assigned Numbers Authority）には、2021年8月現在、約340個のスキームが登録されています（http://www.iana.org/assignments/uri-schemes/uri-schemes.xhtml）。そのうち永久的（Permanent）なものが95個が登録されており、その他にも暫定的（Provisional）なものや歴史的（Historical）なものがあります。

■ 主なスキーム

スキーム	説明
cap	Calendar Access Protocol
dav	dav
dns	Domain Name System
file	Host-specific file names
ftp	File Transfer Protocol
geo	Geographic Locations
gopher	The Gopher Protocol
h323	H.323
http	Hypertext Transfer Protocol
https	Hypertext Transfer Protocol Secure
im	Instant Messaging
imap	internet message access protocol
ipp	Internet Printing Protocol
ldap	Lightweight Directory Access Protocol
mailto	Electronic mail address
news	USENET news

●オーソリティ

「www.gihyo.jp」のように、一般的には「ホームページのアドレス」として連想される部分を**オーソリティ**（Authority）と呼びます。オーソリティは「//」ではじまり、**ホスト名**、**サービスポート番号**などを含みます。

またFTPなどのユーザー認証が必要なサービスでは、**「ユーザー名：パスワード@」の形式でクレデンシャル**（認証情報）を入れてブックマークしておけば、アクセスのたびにユーザー名やパスワードを入力しなくても済みます。

クレデンシャルはサーバーへ送信する際にブラウザーで暗号化されるため、インターネット上で盗聴される心配はありませんが、直接ブックマークを見られると、他人にわかってしまいますので、注意してください。

■ ユーザー認証情報を含んだURLの構文

●パス

パス（Path）はサーバー内のファイルの格納場所など、特定のリソースを識別するために使用します。たとえば「www.example.jp/path/index.html」の場合、サーバー内のpathディレクトリの中にあるindex.htmlファイルを指定しています。

またパスを省略して特定のファイルを指定しない場合は、**デフォルトドキュメント**が返されます。たとえば「www.example.jp/」と指定した場合のデフォルトドキュメントが「www.example.jp/path/index.html」である場合は、パスとしてindex.htmlファイルまで指定した場合と同じ実行結果が得られます。

●クエリ・フラグメント

パスの後にも必要に応じて**クエリ**（Query）や**フラグメント**（Fragment）などが指定可能です。クエリではアプリケーションのパラメータやコマンドを指定します。フラグメントでは同じページ内の特定の場所を指定する**アンカー**に使用します。なおフラグメントはブラウザー内部の処理に利用し、サーバーには送信しません。

04 URL に使える文字列・文字長

URLにはそのまま使用できる文字とそのままでは使用できない文字があります。ここでは、URLにおける文字列や文字長の決まりごとを、2005年発行のRFC 3986をベースに解説していきます。

● URLに使える文字・使えない文字

URLにはどんな文字も使用できるというわけではありません。使用できる文字はあらかじめ決められています。

●そのまま使える文字

URLでは、以下の文字についてはそのまま使うことができます。

- ・アルファベット（A〜Z、a〜z）
- ・数字（0〜9）
- ・記号（-、.、_、~）

●そのまま使えない文字

「:」や「@」などの文字は区切り文字として予約されています。そのため通常の文字列として使用したい場合は、**パーセントエンコーディング**（5-6参照）でエスケープ処理を行うか、**Punycode**（5-6参照）を用いる必要があります。

パーセントエンコーディングはブラウザーで自動的に行われるため、ユーザーが意識する必要はありませんが、Webアプリケーションのパラメーターを設計する場合は、気を付けるようにしてください。なお「**%**」も**エスケープ文字**として特別な意味を持つため、そのままでは文字として使用できません。

- ・構成要素文字（/、?、#、[、]@）
- ・副構成要素文字（!、$、&、'、(、)、*、+、,、;、=）

● 予約文字・非予約文字

「:」や「@」などは区切り文字として予約されているため、ホスト名やコンテンツ名に使用できないということは先ほど解説しました。これらのURLの一部に使用できない文字を**予約文字**（Reserved Character）と呼び、自由に使用できる文字を**非予約文字**（Unreserved Character）と呼びます。

■ 予約文字

文字	Unicode	文字	Unicode
!	0021	,	002C
#	0023	/	002F
$	0024	:	003A
&	0026	;	003B
'	0027	=	003D
(	0028	?	003F
)	0029	@	0040
*	002A	[	005B
+	002B	]	005D

コラム　古いブラウザーにおける問題点

　ここでは、RFC 3986をベースに解説していますが、RFC 3986は2005年発行と比較的新しく、1998年発行のRFC 2396に準拠したブラウザーやWebサーバーでは、問題を発生する可能性があります。

　RFC 3986ではパーセントエンコーディングが新しく定義されたため、使える文字の範囲が従来のものと異なります。またWebアプリケーションを作成した際、ライブラリーのバージョンが古いため、新しいURLに対応していないなどのトラブルも想定されます。

■ 非予約文字

文字	Unicode
0〜9	0030〜0039
A〜Z	0041〜005A
a〜z	0061〜007A
-	002D
.	002E
_	005F
~	007E

● URLの文字長

URLにパラメータを埋め込むとURLが長くなります。RFCではホスト名は最大254文字とされていますが、**URLの最大文字数は規定されていません。**

URL長は、リクエストを受けるWebサーバー側の制限に依存する場合があります。たとえば、Apacheのデフォルトは8,190バイトに制限されており、管理者側で値を変更している場合もありますので、あまりにも長くなるURLは避けるべきです。

ブラウザーやWebサーバーの他にも、プロキシサーバーやCDNなどに制限があると、それに引っかかる場合があります。一般的には2,038文字程度までというのが、どの装置の制限も受けない安全な値といわれています。

05 絶対URL・相対URL

URLの表現方法には、絶対URLと相対URLの2種類があります。これらにはどのような違いがあるのか、ここで見ていきましょう。

● 絶対パス・相対パス

　情報のありかを示す場合には、**パス**（Path）を使用します。パスはその情報にたどり着くための経路に例えることができます。PCの中に保存されたファイルの場所を**ファイルパス**で、実行するコマンドを**コマンドパス**を使って説明します。

　絶対パスは、**/（ルート）**と呼ばれる階層構造の根本から目的までのパスを表しています。

■ 絶対パス

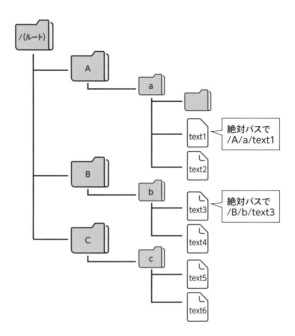

たとえばファイルが保存されている場所を絶対パスを使って表す場合は、「/」→「Aフォルダ」→「bフォルダ」→「text1ファイル」のように、常に「/」から始まるのが特徴です。絶対パスは**フルパス**とも呼ばれます。

ファイルとフォルダーの区切りに使う文字として、一般には「**/（スラッシュ）**」を用いますが、Windowsでは「**¥（円マーク）**」を用いています。

・一般的なパス表現（/A/b/text1）
・Windowsでのパス表現（¥A¥b¥text1）

相対パスは、ユーザーが現在作業しているフォルダー（またはディレクトリ）から目的までのパスを表しています。ユーザーが現在作業しているフォルダーを**カレントフォルダー（または、カレントディレクトリ）**と呼び、「**.（ドット）**」で表します。カレントフォルダーが異なる場合は、同じファイルを示す場合でもパスが変わってきます。

■ 相対パス

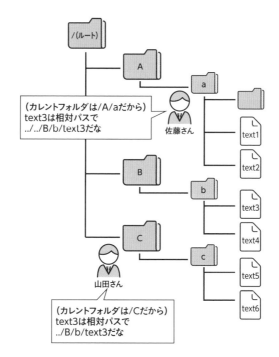

前ページの図で、山田さんからtext3を見た場合、山田さんはCフォルダー
で作業しているため、「..（上の階層）」→「Bフォルダ」→「aフォルダー」→「text3
ファイル」といったパスになります。

佐藤さんからtext3を見た場合、佐藤さんはaフォルダーで作業しているため、
「..（上の階層）」→「..（上の階層）」→「Bフォルダ」→「aフォルダ」→「text3ファ
イル」といったパスになります。上の階層への移動は「..（ドット2個）」で表し
ます。

● 絶対URL・相対URL

URLのパス部分に絶対パスを含んだものを**絶対URL**、相対パスを含んだも
のを**相対URL**と呼びます。なお絶対URLは、スキーム（http:）、オーソリティ（ホ
スト名）、パスをすべて含みますが、相対URLはパスしかありません。

・絶対URL（https://gihyo.jp/magazine/SD）
・相対URL（../magazine/SD）

ブラウザーのアドレスバーに直接URLを入力する場合、相対パスは使用し
ませんが、ホームページを作成する際に、「<img src=../image/foo.jpg>」のよう
な相対パスを使って画像を埋め込む場合があります。

相対URLは**ベースURL**と呼ばれる基準点からの相対的な位置を表していま
す。ベースURLをあらかじめHTMLテキストなどに埋め込んでおくか、最初に
ダウンロードしたHTMLファイルのURLをベースURLとして使用します。

ベースURLの定義を間違うと、リソースを正しくダウンロードできなくな
りますが、サーバーが移転してURLのオーソリティ（ホスト名）が変更になっ
た場合も、HTMLファイルを修正する必要はありません。

06 パーセントエンコーディング・Punycode

URLには使える文字の種類や長さなどの制限があります。これらの制限を回避する場合や、URLの中に日本語などの多バイト文字が入る場合は、パーセントエンコーディングやPunycodeを用います。

● パーセントエンコーディング (URLエンコード)

パーセント (%) エンコーディングは、URLのパス部分で使用できない文字を扱えるようにするためのエスケープ処理です。一般的には**URLエンコード**とも呼ばれています。

たとえば、半角スペースをパスやクエリに含めるには、パーセントエンコーディングした「%20」に置き換えます。

■ パーセントエンコーディングで行われたURL

表示上のURL

実際のURL

http://ja.wikipedia.org/wiki/%E6%8A%80%E8%A1%93%E8%A9%95%E8%AB%96%E7%A4%BE

パーセントエンコーディングで変換された文字は、「%」と2けたの16進数文字の計3文字に置き換わります。URLに日本語のような多バイト文字を含む場合も、「%」エンコーディングで文字列を置き換えます。

日本語のような多バイト文字は、2バイトまたは3バイトで1文字を表現していますが、パーセントエンコーディングはバイト単位で変換した結果、URLは長くなります。たとえばUTF-8の「あ」をパーセントエンコーディングすると、「%E3%81%82」の9文字に置き換わります。

Linuxでパーセントエンコーディングを行った例は以下の通りです。

```
$ echo 技術評論社 | nkf -wMQ | tr = %
%E6%8A%80%E8%A1%93%E8%A9%95%E8%AB%96%E7%A4%BE
```

「技術評論社」をパーセントエンコーディング(「nkf -wNQ」でMIMEエンコード、「tr = %」で「=」を「%」に置き換え)しています。

● Punycode

最近は**国際化ドメイン名(Internationalized Domain Name：IDN)**が普及し、漢字やアラビア文字といった非ASCII文字をホスト名に使うことも珍しくなくなっています。ドメイン名は英語表記(a〜z、0〜9、-)のみとなっているため、**Punycode**に変換する必要があります、

■ 日本語URLをPunycodeとパーセントエンコーディングで変換

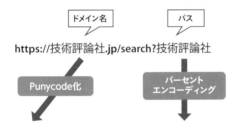

Punycodeに変換されると、先頭は「xn--」になります。ドメイン名をPunycodeにするには、ピリオド(.)ごとに変換します。

```
技術評論社.jp
xn--2qu391c6uk02bps.jp

世田谷区.東京.jp
xn--rhq28jg58azit.xn--1lqs71d.jp
```

(注)「世田谷区.東京.jp」は実在しないドメイン名です。

07 短縮URL・ワンタイムURL

5-5では絶対URLと相対URLについて解説しましたが、その他にも特殊なURLの表現方法として短縮URLやワンタイムURLがあります。

◯ 短縮URL

　ブラウザーからWebにアクセスする際、絶対URLをアドレスバーに入力しますが、絶対URLは文字数が多いため入力がとても面倒です。このようなときに便利なのが**短縮URL**です。

　短縮URLは、長い文字列の絶対URLを入力しやすいように、短いURLに置き換えてくれるサービスです。みなさんはSNSの書き込みなどで「bit.ly/……」ではじまる文字列を見たことはないでしょうか。これはBitly（ビットリー）というアメリカの会社が提供している短縮URLサービスです。

■ Bitlyで短縮URLを作成

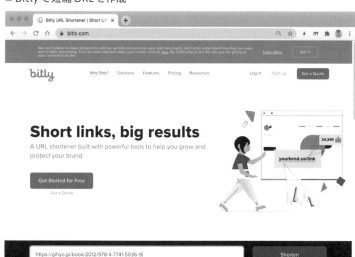

クエリを含むURLは長くなるため、そのままメッセージに貼り付けると文字制限をオーバーしたり、転載の際にタイプミスを誘発したりします。短縮URLは、Webサーバーの**リダイレクト（転送）機能**を利用して、短縮したURLにアクセスがあった場合は、正規のサーバーに転送するしくみです。

■ 短縮URLのしくみ

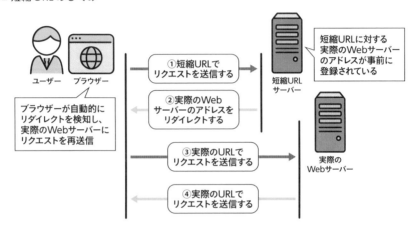

短縮URLの提供事業者の中には、アクセス解析サービスを提供しているところもあります。先ほど紹介したBitlyは、短縮URLへの変換だけであれば無料ですが、ユーザー登録でアクセス解析や効果測定なども利用できます。

ただし短縮URLは、一見するとどこのサーバーにアクセスしているのかわかりません。ブラウザーによっては元URLに表示する機能やフィッシング・マルウェア防止機能がありますので、これらを利用して危険を回避することができます。

◉ ワンタイムURL

短縮URLにリダイレクトできる期間や回数を設定することで、制限付きのURLとしても利用できます。たとえばリダイレクトを1回のみに設定すれば、**ワンタイムURL**になります。このワンタイムURLを利用すれば、URLが悪用されないようにできます。

08 URLのQRコード化

スマホからWebページへのアクセス手段としてURLをQRコードに変換することによって、検索や入力の手間を省くことができ、ユーザービリティーを向上させることができます。

● 誰でも自由に作成できるQRコード

　URLの代わりに、**QRコード**を掲載した広告などを目にすることが多くなってきました。QRはQuick Responseの略で「素早く読み取る」という意味です。QRコードをスマホのカメラで読み込むとURLに変換され、Webページにアクセスできます。URLを入力しなくてもよいため、文字入力が面倒なスマホではたいへん重宝されています。

■ 誰でも自由に作成できるQRコード

https://gihyo.jp/dp/series/%E5%9B%B3%E8%A7%A3%E5%8D%B3%E6%88%A6%E5%8A%9B
（技術評論社「図解即戦力」シリーズのWebページ）

QRコード変換アプリ

QRコードはもともと、生産管理や物流管理のために開発された技術です。開発したデンソー社（現デンソーウェーブ社）が特許をオープンにしたため、誰でも無償で利用できるようになっています。そのため、QRコード決済やイベントチケットなど、さまざまなシーンに活用され、世界的に広く普及しています。

またQRコードを作成できるWebサービスやアプリケーションが多数リリースされ、誰でも手軽にURLをQRコード化することが可能です。

◉ QRコードのメリット・デメリット

QRコードのメリットは、長いURLを入力しなくてもWebページにアクセスできるところです。またポスターや広告などの印刷物でも、長くかつ読みにくい文字列を掲載する必要がなくなるため、訴求力が上がり、デザイン面で有利です。

一方デメリットは、QRコードを撮影するカメラとQRコードを変換するソフトウェアが必要になるところです。短いURLであれば、頭で記憶したり、口頭で伝えることもできますが、QRコードは画像であるため、これらのことは行うことができません。

またQRコードにはセキュリティーリスクも潜んでいます。

QRコードは画像であるため、それ自体から変換後のURLを推測することができません。みんながみんな、変換後のURLを注意深く確認してからアクセスすることはしないため、フィッシング詐欺や偽サイトなど、危険なサイトに引っかかってしまうリスクが存在しています。

09 URL による SEO 対策

検索サイトの検索結果で上位に表示されるための対策であるSEO（検索エンジン最適化）は、Webページのアクセス数を増やす手段として非常に重要です。このSEO対策はURLの付け方でも可能です。

● URLによるSEO対策とは

　検索サイトの上位にランキングされるための対策を**SEO**（Search Engine Optimization、**検索エンジン最適化**）と呼びます。SEO対策にはさまざまな手法がありますが、URLでもSEO対策を行うことができます。

　たとえばURLにコンテンツと関連した単語をURLに埋め込むことで、ランキングを上位にすることができます。ただし、過度にキーワードを埋め込んでしまうのは逆効果です。

　URL中の**パス**を簡潔にすることでもSEO対策が可能です。会員サイトなどでは、URLに**セッションID**と呼ばれる識別情報やクエリーが含まれることがあります。URLは短い方がランキングが上位になる傾向があるため、適切なURLの設計を行って無駄に長くならないような工夫が必要です。

　またURLが長くなると、他のホームページからリンクされづらくなるので、SEO対策には不利になります。検索サイトのランキングでは、**被リンクカウント**と呼ばれる値で他のWebページからどれだけリンクされているかを計算しており、これが多いほど検索ランキングで上位になる傾向があります。そのためURLは長くても50文字程度に抑えておくのが有効です。

　なお、これらのSEO対策は一般的なものであり、すべての検索サイトに有効に働くとは限りません。

◉ Googleの検索エンジン最適化スターターガイド

　検索サイトによってSEO対策方法は異なります。残念ながら検索サイトの
ほとんどは、ランキングに使用するアルゴリズムの情報を公開していません。
Google社も検索結果のランキングに関しては非公開ですが、SEO対策につい
てまとめたエンジン最適化スターターガイド（https://support.google.com/
webmasters/answer/7451184）を公開しています。

　このガイドラインでは、**コンテンツの情報が伝わるわかりやすいURLにす
る**ことが重要とし、これを実現するためのポイントが以下のようにまとめられ
ています。

> ・Webサイトのコンテンツや構造に関連する単語を含むURLにする
> ・不要なパラメータやセッションIDを含んだ長すぎるURLにしない
> ・一般的なファイル名は使用しない（ex：page1.html）
> ・キーワードを過度に使わない（ex：blume-gift-blume-gift-blume-gift.
> html）

　さらにコンテンツを適切に整理して、Webサイトへの訪問者にとってわか
りやすいディレクトリ構造にすることも重要だと説明されています。たとえば
ディレクトリ名はコンテンツの種類を使用して直感的なURLにし、サブディ
レクトリが深くなりすぎないようにするなどです。

■ わかりにくいURL

■ 親しみやすいURL

6章

**サーバーの
役割と機能**

Webでは、Webサーバーをはじめいろいろな
種類のサーバが稼働しています。本章では
Webを支えるいくつかのサーバを取り上げ解
説していきます。

01 Webシステムの高速化・大規模化

Web技術をベースにしたシステムは、大規模化や高速化が比較的容易であり、大量アクセスへの対応可能にするさまざまな手法が用意されています。

⊙ 高レスポンスを求められるWebシステム

Webシステムは、常にサービス停止に陥るリスクが伴います。たとえば容量が大きい動画や、インタラクティブなWebページなど、肥大化するコンテンツはWebシステムへの大きな負担になるため、十分な処理能力を備えておく必要があります。加えて、突発的に発生する大量アクセスにも対応できるよう、拡張性や耐障害性を考慮してシステムを構築しておかなければなりません。

Webサイトを構築する際のルールとして**6秒ルール**があります。これは6秒以内に表示を完了させないと、ユーザーを取り逃がしてしまうというものです。またWebページの表示が遅くなることで、ブラウザーの再読み込みボタンが何度もクリックされ、Webサーバーへの負担が増すという事態にもなりえます。

最近では、スマートフォンなどのモバイル端末での利用が増えたことによって、**3秒ルール**というさらに厳しいルールもできています。

Webシステムの耐障害性、拡張性、高レスポンスを実現する手法には、大きく2種類あります。1つはWebサーバー単体の処理能力を高める方法（スケールアップ）、もう1つは複数のWebサーバーに処理を分散したり、役割を分担してサーバーやネットワーク機器を増設したりと、Webのシステム化により処理能力を高める方法（スケールアウト）です。

⊙ スケールアップ

スケールアップ（垂直スケール）とは、サーバーのCPUやメモリーなどを増強してサーバー単体の処理能力を向上することで、Webサーバーにかかる負

荷を減らして大量のリクエストを捌けるようにすることです。

　処理能力の向上は、CPUやメモリーの他、HDDやSSDなど内蔵ストレージ、LANカードなどのパーツの増強でも、比較的かんたんに実現できます。

■ スケールアップでサーバーを増強

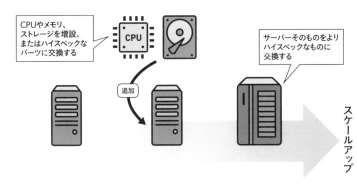

　ただし、ハードウェアの性能を高くするとコストも上昇します。一般的にコストと性能は比例しないため、価格が2倍になったからといって、性能が2倍になるわけではありません。また搭載できるCPUやメモリーにも上限があるため、スケールアップには限界があります。

　性能を高くしても、サーバー1台の場合は耐障害性を高めることはできません。そのサーバーが停止してしまえば、Webサイトがダウンすることになり、またサーバーのメンテナンス中もサービスを停止させる必要があります。

● スケールアウト

　スケールアウト（水平スケール）とは、複数のサーバーをシステム化して、システム全体の性能を向上させる手法です。1台のサーバーだけでは処理できない場合、サーバーの台数を増やすことで処理能力を高めることができます。

　サーバー台数を2倍に増やせば、性能も比例して向上できるため、費用対効果が高くなります。また複数のサーバーで処理を行うため、そのうちの1台が停止しても他のサーバーで処理を継続できます。

■ スケールアウトでシステムを増強

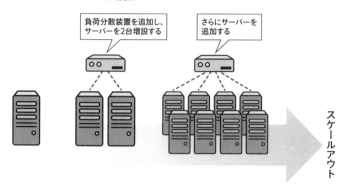

複数サーバーのシステム化による処理能力の向上は、**耐障害性**、**拡張性**、**高レスポンス**などの面でも有効です。ただし、このシステム化には課題があります。ブラウザーからのリクエストを、複数のサーバーに分散させたり、どのサーバーで受信した場合も、次のリクエストとレスポンスとの整合性を保つためのしくみが必要になります。

大手ポータルサイトをはじめ、大規模なWebサイトは、例外なくWebシステム全体で処理能力を高めるように設計されており、1,000台を超えるサーバーで1つのWebサイトを実現することも珍しくありません。

Webシステムは大規模化しやすいといわれるのは、こうしたWeb技術が確立されているためです。

主に以下の技術要素がWebシステムの大規模化を実現するために利用されています。

・プロキシ（代理応答）
・キャッシュ
・ロードバランサー（負荷分散装置）
・仮想化

プロキシサーバー

Webの高速化を可能にする技術として、まず挙げられるのがプロキシ機能です。プロキシにはクライアント側とサーバー側の2種類が存在します。

● プロキシサーバーとは

　Webシステムでは、**プロキシ（Proxy）** と呼ばれる機能を持つサーバーによって、ブラウザーとWebサーバー間のやり取りを中継することができます。プロキシは「**代理**」という意味で、ブラウザーの代わりにWebサーバーとのやり取りを行ったり、逆にWebサーバーの代わりにブラウザーとやり取りを行うサーバーです。

　これらの中継の過程で、Webサーバーからブラウザーへのデータをプロキシサーバーが一時的に蓄えたり、URLなどの条件によってリクエスト先のサーバーを変更することで、Webアクセスの高速化や大規模化が可能になります。

■ プロキシサーバーによる代理応答

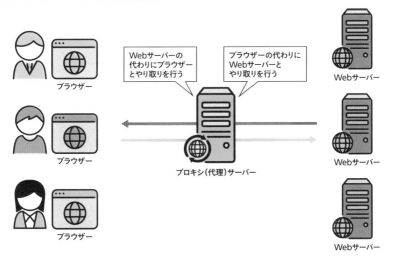

プロキシサーバーを導入したWebシステム

通常はブラウザーとWebサーバー間で直接通信を行いますが、プロキシサーバーを導入することで、ブラウザーとWebサーバー間のやり取りを中継します。Webサーバーから転送されるWebコンテンツのリソースをプロキシサーバーが中継してブラウザーに送信します。

オリジナルのリソースを持ったWebサーバーを**オリジンサーバー**と呼びます。プロキシサーバーはオリジンサーバーに代わってリソースをブラウザーに転送する役割を持っています。

■ ブラウザー・プロキシサーバー・オリジンサーバー

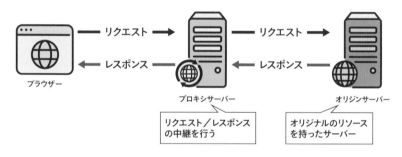

プロキシサーバーを経由した場合は、レスポンスメッセージに**Viaヘッダー**が追加されるため、どのプロキシサーバーを中継したかわかります。また複数のプロキシサーバーを経由した場合は、Viaヘッダーに中継したプロキシサーバーの数だけホスト名やサーバーソフトウェアの名称などの情報が付加されます。

```
Via: http/1.1 p1.example.com (ProxyServer/4.0.2)
```

プロキシサーバーを導入するには、プロキシ機能を実現するソフトウェアをインストールしたサーバーを使用するか、プロキシ機能に特化して作られたアプライアンス製品を利用します。通常プロキシサーバーには、2つ以上のネットワークインターフェイスがあり、1つがWebサーバー側、もう1つがブラウ

ザー側につながるように接続して、ブラウザー側のネットワークか、Web サーバー側のネットワークに設置します。

■ ブラウザー側のネットワークにプロキシサーバーを設置

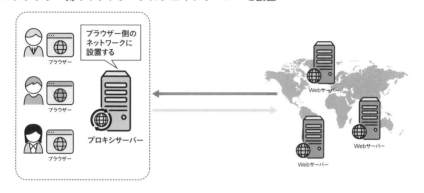

■ Web サーバー側のネットワークにプロキシサーバーを設置

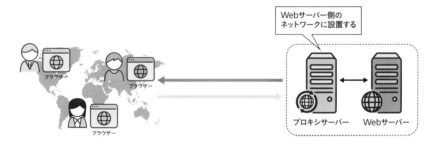

ブラウザー側のメリット

ブラウザー側にプロキシサーバーを導入するメリットは、Web アクセスをプロキシサーバーに集中させることができ、ネットワークを効率よく利用できることです。

プロキシサーバーを使用しない場合は、ブラウザーごとにインターネットにアクセスするため、インターネットアクセスのトラフィックを抑えたり、最適化することが難しくなります。

Web アクセスをプロキシサーバーに集中させると、ネットワークの管理が

しやすくなり、同時にWebアクセスの最適化が可能となります。

　また最近では、セキュリティ向上を目的として、プロキシサーバーを導入するケースも増えています。

　プロキシサーバーでWebサーバーとのやり取りをチェックし、危険であると判断した場合は通信を遮断するという、**WAF**（Web Application Firewall）のような機能を果たします。また**Webコンテンツのウィルスチェックやスキャン、WebサーバーのURLチェック**などを行うことも可能です。

　さらに**レスポンスの高速化**というメリットもあります。プロキシサーバーがWebアクセスを中継する際、オリジンサーバーのリソースをキャッシュして、次に同じリクエストが発生した際は、このキャッシュデータを再利用してレスポンスの高速化が可能になります。この機能を**フォワードプロキシ**機能（**6-4**参照）と呼びます。

■ フォワードプロキシ

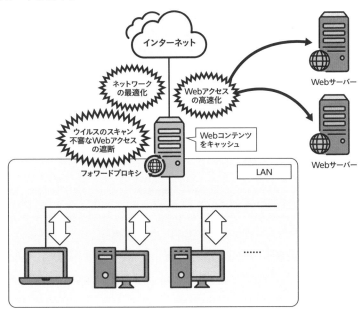

◯ Webサーバー側のメリット

　Webサーバー側でプロキシサーバーを導入した場合は、ブラウザーからのリクエストをオリジンサーバーに代わって一旦プロキシサーバーが受けて、オリジンサーバーに転送します。

　オリジンサーバーからのレスポンスもプロキシサーバーを経由して、ブラウザーに送信されます。またオリジンサーバーのコンテンツをプロキシサーバーにキャッシュすれば、レスポンスの高速化も実現できます。

　オリジンサーバーに処理を分散させることを**ロードバランシング**（6-5参照）と呼び、**リバースプロキシ**機能（6-4参照）が利用されます。

　リバースプロキシ機能では、ブラウザーからのリクエストを一旦中継してからバックエンドのWebサーバーへ振り分けます。複数のWebサーバーに処理を分散させることが可能な他、Webサーバーの構成を外部から隠蔽するといった効果もあります。

　バックエンドのオリジンサーバーへの振り分けには、**URLマッピング**という手法が用いられます。特定のURLにマッチした場合は、指定したオリジンサーバーにリクエストを転送するというしくみです。振り分けの比率や優先順位を設定することで、耐障害性を高め、レスポンスの高速化が可能になります。

■ リバースプロキシ

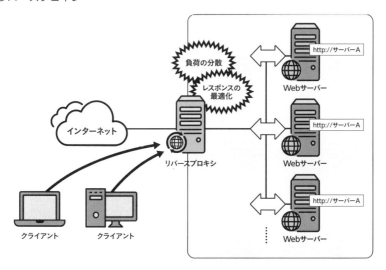

03 クライアントサイド キャッシング

Webアクセスを効率化する手段として、キャッシュは大変有効です。クライアントサイドキャッシングは、ブラウザーに代表されるクライアント側でキャッシュを蓄える方式です。

● クライアントサイドキャッシングとは

クライアント側でキャッシュを蓄える方式を**クライアントサイドキャッシング**と呼びます。

クライアントサイドキャッシングの主な手段として、ブラウザーのキャッシュ機能があります。また、クライアント側のネットワークにプロキシサーバーを用意して、キャッシュさせる場合もクライアントサイドキャッシングになります。

■ クライアントサイドキャッシング

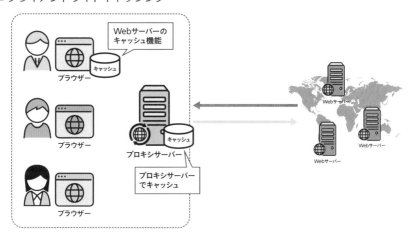

プロキシサーバーを使って多人数で利用するキャッシュを**共有型キャッシュ**、ブラウザーのように特定のユーザーのみ利用するキャッシュを**非共有型**

キャッシュと呼びます。

■ 共有型キャッシュと非共有型キャッシュ

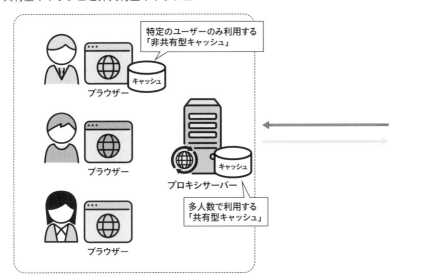

　クライアントサイドキャッシングを有効活用すれば、Webサーバーへの問い合わせ回数やデータ転送量を減らすことができ、Webサーバーやネットワークの負荷を軽減できます。

● Webサーバー側でのクライアントサイドキャッシングの制御

　クライアントサイドキャッシングでは、キャッシュの有効化・無効化や、キャッシュの有効期限などの設定はクライアント側のものが優先されます。

　ただし、キャッシュに依存しすぎてしまうと、古い情報のページで表示されたままになります。それを防ぐため、Webサーバー側でクライアントサイドキャッシングの設定を制御することもできます。

　サーバー側で制御を行うには、HTTPレスポンスのヘッダー情報に、キャッシュ制御情報を埋め込みます。キャッシュの有効化・無効化や、キャッシュの有効期限などの情報がレスポンスメッセージのヘッダーに埋め込まれている

と、ブラウザーやプロキシサーバーは、その情報をもとにキャッシュを制御します。

　鮮度が重要なコンテンツに対してはキャッシュを無効化するか、キャッシュの有効期限を短めに設定します。逆に更新頻度の少ないコンテンツに対しては、キャッシュの有効期限を長めに設定し、Webサーバーへの問い合わせ頻度を減らすようにします。

　具体的には、HTTPレスポンスの**Cache-Controlヘッダー**と**ETagヘッダー**を使用します。またHTTP/1.0では、ExpiresヘッダーとPragmaヘッダーを使用するため、互換性を考慮しなければならない場合は、これらのヘッダーを併用します。

■ キャッシュを制御するCache-Controlヘッダーの使用例

用例	用途
Cache-Control: max-age=秒数	キャッシュデータの最大有効期限（単位：秒数）
Cache-Control: s-maxage=秒数	ブラウザーに適用されない（プロキシサーバーにのみ適用される）点以外はmax-ageと同等（単位：秒数）
Cache-Control: public	ブラウザーでのキャッシュ、プロキシサーバーでのキャッシュをともに許可する
Cache-Control: private	ブラウザーでのキャッシュのみ許可する。プロキシサーバーでの キャッシュを許可しない
Cache-Control: no-cache	ブラウザーでもプロキシサーバーでもキャッシュを許可しない
Cache-Control: no-store	ブラウザーでもプロキシサーバーでもキャッシュデータを保存しない。 キャッシュデータを一時的な場所に保存したとしても、使用後できるだけ早く削除する

　ETagヘッダーは、コンテンツが更新されたかどうかを確認するのに使用します。コンテンツが更新されていなければETagヘッダーの値は前回の値と同じになり、コンテンツが更新されると値が変化します。バージョンのように使用できるため、コンテンツが更新されていなければキャッシュデータを再利用できます。

04 サーバーサイドキャッシング

Webアクセスを効率化する手段として、キャッシュは大変有効です。サーバーサイドキャッシングは、Webサーバー側でキャッシュを蓄え、Webアクセスを最適化します。

● サーバーサイドキャッシングとは

サーバー側でキャッシュを蓄える方式を**サーバーサイドキャッシング**と呼びます。サーバーサイドキャッシングでは、ひんぱんに使用されるコンテンツをキャッシュとし、クライアントからの要求にはキャッシュで応答します。

■ サーバーサイドキャッシング

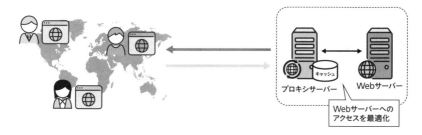

ファイルシステム上のリソースをファイルI/Oが最適化されたディスク上にキャッシュとしておけば、直接リソースにアクセスするより素早く読み出すことができます。また高速アクセス可能なメモリーにキャッシュを蓄えれば、さらに読み出しを早くできます。

サーバーサイドキャッシングは、クライアントからの問い合わせ頻度を減らすことはできませんが、高速読み出しが可能なキャッシュを使用することで、レスポンスを改善できます。

サーバーサイドキャッシングでは、Webサーバー内にキャッシュ領域を持つ方式の他、プロキシサーバーを使った方式もあり、Webサーバーに代わって、

プロキシサーバーがブラウザーからのリクエストに代理応答することで、Webサーバーのレスポンスを改善します。

● リバースプロキシとフォワードプロキシ

プロキシサーバーには2種類あります。Webサーバーのフロントエンドにプロキシサーバーを置く方式を**リバースプロキシ**、事業所や家庭に設置して、ブラウザーの機能を補う方式を、**フォワードプロキシ**と呼びます。

リバースプロキシは、Webサーバーに代わってブラウザーからのWebアクセスを中継して、バックエンドに配置されたオリジンサーバーへリクエストを振り分けます。Webサーバーはリクエストに対してレスポンスデータを生成し、リバースプロキシに返します。その返されたデータをプロキシ内にキャッシュすることで、毎回オリジンサーバーに中継しなくてもキャッシュを利用して、ブラウザーにレスポンスを返すことができます。

■ リバースプロキシを使ったサーバーサイドキャッシング

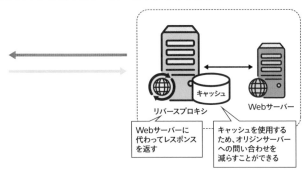

フォワードプロキシはクライアント側の管理下におかれるのに対し、リバースプロキシはWebサーバー側の管理下におかれ、Webサーバーの高速化に貢献します。そのため**Webアクセラレーター**と呼ぶ場合もあります。

05 ロードバランサー

ロードバランサーを導入することによって、Webサーバーへのアクセスを分散して高負荷に対応できるようにしたり、システムの冗長性を高めて障害に強いシステムにすることが可能です。

● ロードバランサーとは

Webサーバーにかかる負担を減らして、大量のリクエストをさばくには、サーバーのCPUやメモリを増強するか、サーバーの台数を増やす必要があります。

サーバーを増強する方法を**スケールアップ（垂直スケール）**（6-1参照）と呼びます。コストをかければ処理能力は向上しますが、処理能力にも限界があるため、かけたコストと性能の向上は比例しません。またWebサーバーがトラブルで停止した場合は、Webシステム全体がダウンする危険性があるため、耐障害性の面での不安も残ります。

一方サーバーの台数を増やす方法を**スケールアウト（水平スケール）**と呼びます（6-1参照）。アクセス数の増加に応じてサーバー台数を増やすことで大量のリクエストに対応できます。

サーバー台数を2倍に増やせば、性能も比例して向上するため、費用対効果が高く、スケーラビリティに優れています。また複数のサーバーで処理を行うため、そのうちの1台が停止しても他のサーバーで処理を継続できるなど、耐障害性の面でも優れています。

スケーラビリティや耐障害性で有利なスケールアウトですが、クライアントからのリクエストを複数のサーバーに分散させるには、そのための特別なしくみが必要です。これを可能にするのが**ロードバランサー（負荷分散装置）**です。

6

サーバーの役割と機能

167

■ ロードバランサ（負荷分散装置）

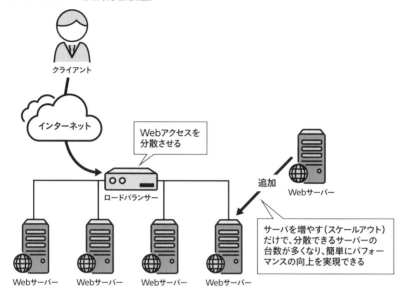

ロードバランサーにはWebサーバーにインストールして利用するものから、専用機器のネットワークアプライアンスまで数多くあります。ネットワークアプライアンスは、Webサーバーのフロントエンドに設置することができるため、サーバー構成を大きく変える必要がありません。また専用に設計されているため、専門的なチューニングを施さなくても、最適なパフォーマンスを発揮できるといったメリットがあります。

● ロードバランサーの負荷分散方式

ロードバランサーによる負荷分散には、いくつかの方式があります。

■ 主な負荷分散の方式

方式名	負荷分散の方法
ラウンドロビン方式	バックエンドサーバーを順番に使用する
優先順位方式	設定した優先順位に従う
重み付け方式	設定した割合に従う
コンテンツスイッチング	HTTPヘッダーやURLによってバックエンドサーバーを決定する (**6-6**参照)
最速応答時間方式	応答が最も早いバックエンドサーバーを優先する (**6-6**参照)
最少コネクション方式	接続しているコネクション数が最少のサーバーを優先する (**6-6**参照)
最少トラフィック方式	トラフィック量が最も少ないサーバーを優先する (**6-6**参照)

ラウンドロビン方式では、単純に順番通りに各サーバーに割り振ります。

優先順位方式では、各オリジンサーバーに**優先順位**（Priority）を設定し、優先順位の高いサーバーからリクエストを割り振ります。一定数割り振ったら、次に優先順位が高いサーバーに割り振ります。

優先順位が低いオリジンサーバーは、アクセスが集中した場合のみ利用したり、優先度を最も低くしたサーバーには、「アクセス集中のため表示できません」などのWebページを用意しておき、アクセスが集中していることを告知するために利用したりします。

重み付け方式では、割り当てるオリジンサーバーの頻度を**重み**（Ratio）で変えることができます。オリジンサーバーの性能に差がある場合、低スペックなサーバーへの割り振りは減らし、高スペックなサーバーへの割り振りは増やすなどの対応が可能です。

たとえば高スペックなサーバーに対する重みを「3」、低スペックなサーバーに対する重みを「1」に設定することで、アクセスを「3：1」の割合で高スペックなサーバーへ割り振ることができます。

6

サーバーの役割と機能

■ 優先順位方式による負荷分散

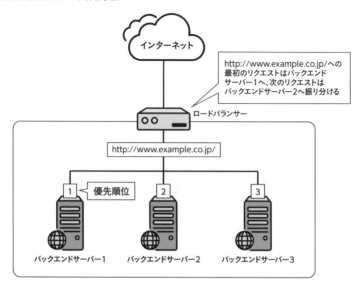

■ 重み付け方式による負荷分散

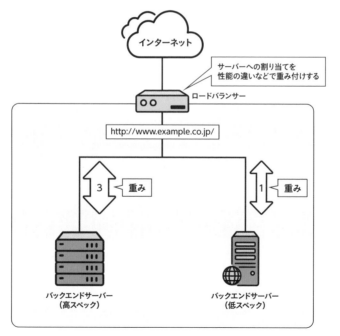

06 | より高度な負荷分散

ロードバランサーの分散方式には、Webアクセスのリクエストやトラフィックに応じて動的に動作する方式や、URLやリクエストに含まれるヘッダーなどの情報によって振り分ける方式があります。

状況に応じた動的な分散

6-5で解説したラウンドロビン方式は、あらかじめ設定した通りに動作する**静的**なものでしたが、状況に応じて**動的**に動作する分散方式もあります。動的な分散では、応答速度、トラフィック量、コネクション数、CPU負荷などのパラメーターを元に、ロードバランサーがその都度判断して設定を決定します。

最速応答時間方式では、応答が最も早いバックエンドサーバーを優先し、**最少コネクション方式**や**最少トラフィック方式**では、接続中のコネクション数やトラフィック量が最も少ないサーバーを優先して割り振ります。

■ 状況に応じて動的に行う負荷分散

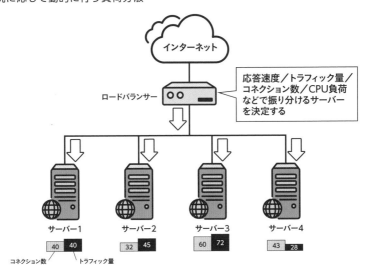

171

動的な負荷分散では、**ヘルスチェック機能**で各オリジンサーバーをモニタリングし、モニターデータをロードバランサー内部に保持する必要があります。そのためロードバランサーのしくみが複雑になり、高いレスポンスを実現するには、より高性能なロードバランサーが必要になります。

■ ヘルスチェック

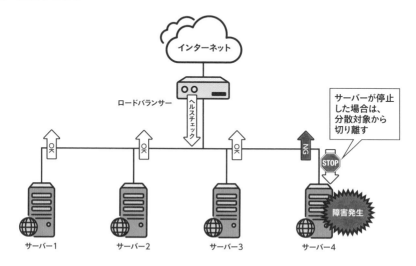

　ロードバランサーによっては、複数の方式を組み合わせることも可能です。たとえば、最速応答時間方式と最少コネクション方式を組み合わせることで、よりサーバーの負荷状況を反映させた設定を行えます。

　またラウンドロビン方式と優先順位方式を組み合わせて、ある一定量まではプールされたオリジンサーバーをラウンドロビンで分散し、しきい値を越えた場合のみ、オフロード用のオリジンサーバーに振り分けるなどを行うことも可能です。

◉ コンテンツスイッチング

　コンテンツスイッチング方式では、HTTPヘッダーやリクエストメッセージの中身によって割り振りを変更することができます。たとえばURLに「img」

が含まれている場合はサーバー1、拡張子が「.php」の場合はサーバー2に割り振る、などが可能です。

　またコンテンツスイッチング方式によって、画像やHTMLなどの静的コンテンツ専用のオリジンサーバーと、Webアプリケーション専用のオリジンサーバーに分けて運用することも可能です。

■ コンテンツスイッチング方式による負荷分散

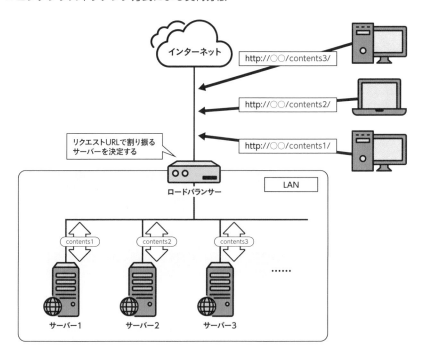

　コンテンツスイッチング方式では、HTTPリクエストに含まれる、URL、言語、クッキーなど、さまざまな属性を割り振るための条件として指定できます。

　ラウンドロビン方式やその他の動的な負荷分散方式では、TCPレベルでパケットを解析しますが、コンテンツスイッチング方式では、HTTPレベルでパケットを分析するため、**L7スイッチ**とも呼ばれています。

07 | CDN

高まり続けるWebサーバーの負荷を軽減する目的でCDNを採用するWebサイトが多くなっています。CDNの役割や技術的なしくみについて解説します。

● CDNとは

CDN（Content Delivery Network）とは、世界中のネットワークにWebサーバーを分散配置して、どこからアクセスしても、Webコンテンツを効率的かつ迅速に配信できるようにしたネットワークです。

WebコンテンツをCDNで配信するには、CDN事業者と契約してサービスに申し込む必要があります。CDN事業者は世界中にCDN網を張り巡らしており、サービスに申し込むことで、Webコンテンツのコピーが世界中に配置されます。

Webサーバーとクライアントの間のやり取りにかかる時間は、物理的な距離にほぼ比例します。ロードバランサーやプロキシサーバーの導入やWebシステムの増強を行っても、クライアントとの物理的な距離を縮めることはできません。

CDNを使うことで、クライアントに近い場所にWebサーバーを配置でき、物理的な距離を縮めることができます。またWebアクセスが1ヵ所に集中するのを防ぐことができるため、負荷分散にも貢献します。

主なCDN事業者として挙げられるのは、CloudFront社、Cloudflare社、Akamai社です。これらの会社ではCDNサービスの提供だけにとどまらず、**SSL/TLS暗号化通信のアクセラレーション**、**ネットワークやアプリケーションの最適化**、**コンテンツの圧縮転送**、**DDoSやDoSなどの攻撃に対する防御**、**アプリケーションレベルでのファイアーウォール**、**地理的に離れたデータセンター間の広域負荷分散**など幅広い機能も提供しています。

■ CDNの役割

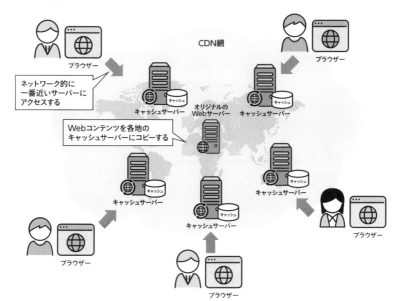

● CDNのしくみ

　CDNでWebコンテンツを配信するには、同一のURLに対して自動的に最寄りのWebサーバーに選択してアクセスするしくみが必要です。また、世界中に配置されたWebサーバーに同じコンテンツをコピーする必要があります。

　最寄りのWebサーバーを選択してアクセスするしくみとしては、DNSを用いる手法が一般的です。DNSサーバーは、1つのホスト名に対して複数のIPアドレス情報を返答できます。その際、クライアントから1番近い距離にあるWebサーバーのIPアドレスを返すしくみを利用します。

　ただし、IPアドレスによる距離を判定する機能が必要になりますが、一般的なDNSにその機能は備えていません。そのためCDN事業者の専用DNSを使用します。CDN事業者のDNSは、クライアントのIPアドレスがどのISPのものかを調べ、事前に用意したフローチャートと照らし合わせて、最寄りのWebサーバーのIPアドレスを返します。

■ CDNのしくみ

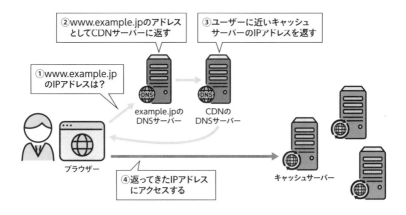

①www.example.jp
のIPアドレスは?

②www.example.jpのアドレス
としてCDNサーバーに返す

③ユーザーに近いキャッシュ
サーバーのIPアドレスを返す

example.jpの
DNSサーバー

CDNの
DNSサーバー

ブラウザー

④返ってきたIPアドレス
にアクセスする

キャッシュサーバー

　世界中に張り巡らされたCDN網は、各所に**キャッシュサーバー**を配置しています。Webコンテンツをキャッシュサーバーにコピーしておくことで、世界中どこからでも低遅延でWebコンテンツへのアクセスを可能にします。

　これを実現するには、Webコンテンツの**オリジンサーバー**とキャッシュサーバー間で、常に同期を取る必要があります。オリジンサーバーのWebコンテンツが更新されたにも関わらず、キャッシュサーバーが更新されないと、結果的に古いデータが配信されてしまいます。

　これを防ぐには、同期タイミングや、キャッシュの保持期間を調整するなどの設定が必要です。また個人情報がキャッシュされないよう、キャッシュする対象コンテンツを正しく選択する必要があります。

08 仮想化とクラウド

Webシステムの構築に欠かせないのが仮想化とクラウドです。仮想化技術をベースにしたクラウドと呼ばれるインターネット上のサービスを利用して、Webサーバーを立ち上げる方法へのシフトが急速に進んでいます。

仮想化技術とは

仮想化技術を使うと、1台のコンピューター上で複数のコンピューターを同時に起動することができます。たとえば4つのCPUを搭載したコンピューター上で、1つのCPUに対して1台の仮想的なコンピューターを割り当てると、計4台の仮想的なコンピューターを同時に起動できます。

現実のコンピューターを**物理マシン**と呼ぶのに対し、仮想的なコンピューターを**仮想マシン**と呼びます。また仮想マシンを稼働させる物理マシン上のOSを**ホストOS**、仮想マシン上で動作しているOSを**ゲストOS**と呼んで区別します。

CPUのマルチコア化が進み、1つのCPUで論理的には複数のCPUとして認識できるようになりました。メモリー、ストレージ、ネットワークなどのリソースも、分割して共有できるほど大容量化が進んでいます。

技術の進化によって余裕が出てきたリソースを有効活用できるのが仮想化技術です。仮想化技術を採用することによって物理マシンの台数を削減し、省エネルギーと省スペースを実現できます。

2つの仮想化技術

仮想化には大きく分けて2つの型があります。ハードウエアを丸ごとエミュレートする**ハイパーバイザー型**と、アプリケーションの実行環境だけをエミュレートした**コンテナ型**です。

6

サーバーの役割と機能

177

■ 仮想化技術の手法

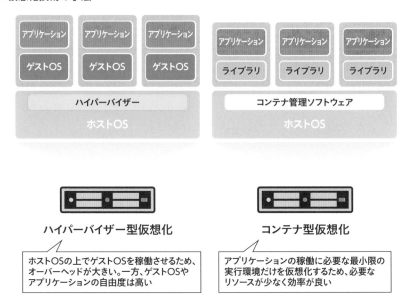

ハイパーバイザー型では、ホストOS上でハードウェアをエミュレートし、ゲストOSを起動します。二重でOSが起動するため起動が遅く、ハードウェアリソースを大量に消費します。

一方コンテナ型では、アプリケーションの実行に必要なプロセスやリソースをコンテナ化し、他のプロセスから切り離して実行します。そのため必要なリソースが少なく起動も高速です。

◉ クラウドサービス

ここ数年で**クラウドサービス**の利用が急速に増えています。「クラウド」と呼ばれるインターネット上のサービスを利用して、Webサーバーをかんたんに立ち上げるのがWebシステム構築の主流になりつつあります。

クラウドでは、サーバー・ストレージ・ネットワークなどのハードウェアリソースを抽象化することで、これらの詳細を知らなくてもかんたんに利用できるようになります。

またクラウドアプリケーションを通して運用管理できるように API が提供されています。

クラウドサービスには、さまざま形態があります。

ハードウェアリソースやインフラを提供する形態の **IaaS (Infrastructure as a Service)**、アプリケーションのためのプラットフォームを提供する **PaaS (Platform as a Service)**、そしてサービスやアプリケーションを提供する形態の **SaaS (Software as a Service)** などの種類があります。

開発や運用の自由度は「IaaS ＞ PaaS ＞ SaaS」と順になります。ただし自由度が高い分、開発や運用管理にかかるコストも大きくなります。

たとえば、自社で機器を用意して運用管理もすべて主体的に行う**オンプレミス**環境上で動いている Web アプリケーションをクラウドサービスに移行する場合は、一般的には IaaS か PaaS を選択して移行作業を行います。

■ さまざまな形態のクラウドサービス

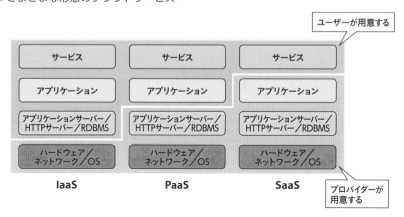

● IaaS

ネットワークやサーバーなどのインフラを好きなときに好きなだけオンデマンドに利用できるのが、**IaaS (Infrastructure as a Service)** です。API を通してリソースを操作できるため、CPU やメモリーのスケールアップや、サーバーのスケールアウトなどをプログラムに代行させて、大規模なインフラを瞬時に

構築することができます。また余剰な設備を持つ必要が無いため、初期コストや運用コストを抑えることができます。

主なIaaSサービスとして、**Amazon Web Services（AWS）**や**Microsoft Azure**、**Google Cloud Platform（GCP）**があります。

利用料金は従量制で、ネットワークトラフィックやサーバーリソースの使用量に応じて課金されます。大変効率的ですが、用途や稼働率によっては、自社内の設備に物理サーバーで構築したほうがコストが安くなる場合があります。

またパブリックなクラウドコンピューティングは、多種多様な企業あるいは個人といった不特定多数が利用するため、秘匿性の高いデータを扱う業種だとコンプライアンス基準を満たせない場合があります。

こうした問題を解決するのが**プライベートクラウド**です。自社または契約したデータセンター内にプライベートなクラウドコンピューティング環境を構築し、企業内の部門やグループ会社に対してクラウドサービスを提供します。パブリック・クラウドで培われたIaaSクラウド基盤管理技術をそのまま利用することで、オンプレミス型の独立性とクラウド型の利便性を両立することができます。

■ クラウドサービスを利用してWebサーバーを構築する

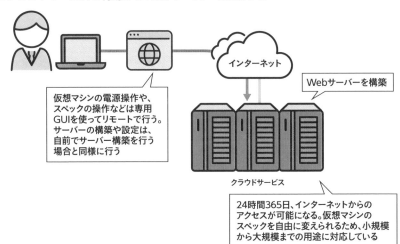

仮想マシンの電源操作や、スペックの操作などは専用GUIを使ってリモートで行う。サーバーの構築や設定は、自前でサーバー構築を行う場合と同様に行う

インターネット

Webサーバーを構築

クラウドサービス

24時間365日、インターネットからのアクセスが可能になる。仮想マシンのスペックを自由に変えられるため、小規模から大規模までの用途に対応している

PaaS

　Webアプリケーションの開発にリソースを集中する場合はPaaSを選択し、プラットフォームやインフラの運用管理はPaaSプロバイダに任せます。

　多くのPaaSでは、アプリケーションコンテナに独自のものを採用しています。そのため、自社環境で動かしているWebアプリケーションをPaaSに移行する場合は、利用可能なアプリケーションに制約があるため、移行できない可能性があります。

　たとえばセールスフォース・ドットコム社の**Force.com**は、**Apex**と呼ばれる独自のプログラミング言語を使用する必要があります。またマイクロソフト社の**Microsoft Azure App Service**は、.NETの他に、Java・PHP・Ruby・Pythonなどのプログラミング言語で開発できますが、ストレージ操作など、一部の処理に専用APIを使う必要があります。

　またオープンソースソフトウェアを採用したPaaSも普及しつつあり、Java・PHP・Perl・Rubyといった開発言語や、MySQLやPostgreSQLといったRDBMSに対応したPaaSが増えています。

SaaS

　クラウド上にあるソフトウェアをインターネット経由して利用できるサービスが**SaaS（Software as a Service）**です。Microsoft Office 365、Google Workspace、Dropbox、Evernoteなど、すでに多くのSaaSが身近になっています。

　インターネット環境さえあれば、スマホやPCを使ってどこからでもアクセスできるため、場所を選ばずサービスを利用できます。またソフトウェアのアップデートやセットアップが不要なため、必要なときにすぐに利用できるのもSaaSの特長です。

09 サーバーレスアーキテクチャ

Webシステムの構築においては仮想化技術の利用が加速し、最近はサーバーレスアーキテクチャーやサーバーレスプラットフォームのFaaSが注目されています。

● サーバーレスアーキテクチャーとは

　IaaS（6-8参照）の利用によって、サーバー構築や運用管理の手間は大幅に削減できるようになりました。それでも、OS管理やアクセスが増えた際の対応など、管理者にとっての課題は、まだまだ残っています。そこでさらに仮想化を進めて、サーバー管理でさえも必要としないようにしたしくみが**サーバーレスアーキテクチャー**です。

　サーバーレスでは、何らかのイベントが発生したときに初めて処理を実行します。たとえば、ブラウザーからのアクセスが発生したときにWebページを返したり、ファイルがアップロードされたときに形式を変換して保存したり、Webアプリケーションでボタンがクリックされたときにコードを実行するなどです。イベントが発生しない限り何も処理されないため、リクエストを待つ間、管理者は一切手を動かす必要がありません。

　IaaSでは、リクエストを待機している間も常時仮想マシンを稼働しておく必要がありますが、サーバーレスでは、待機している間は何も稼働させておく必要がありません。その分管理の手間を無くなりますので、サービスやアプリケーションの開発に集中できます。

　処理の実行条件となる**トリガー**だけ設定しておけば、あとはすべてプラットフォームに任せることができます。トリガーが発生した場合のみコードが実行されるため、メモリーやCPUといったコンピューターのリソースを効率的に使用できます。

■ サーバーレスアーキテクチャー

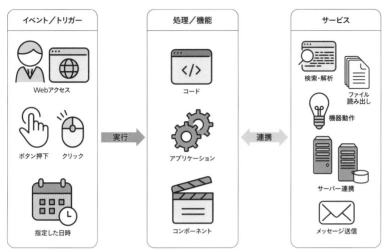

● FaaSはサーバーレスプラットフォーム

　サーバーレスといっても実際には、物理サーバー上では仮想マシンやコンテナ、アプリケーションが稼働しています。ユーザーに代わって管理を代行して、サーバーレスアーキテクチャを提供しているのが、**FaaS**（Function as a Service）です。

　サーバーレスといっても、サーバーが無いわけではありません。ユーザーから見てサーバーの運用管理を無視できることからサーバーレスと呼ばれているのです。

　FaaSは、イベントが発生した際に実行する機能（Function）だけを利用者側で開発し、それ以外の処理についてはFaaS事業者側ですべての責任を受け持ちます。たとえば仮想マシンが停止しないように監視したり、アクセスが集中したときに仮想マシンを拡張したりするなどの運用管理は、FaaS事業者側が担っています。

　FaaSも大手クラウド事業者が提供しています。**Amazon Web Services（AWS）のLambda**や**Microsoft AzureのFunctions**、**Google Cloud Platform（GCP）のCloud Functions**などのFaaSサービスが利用されています。

10 コンテナ型仮想化技術

クラウドサービスを支える基盤技術の1つがコンテナ型仮想化技術です。Webシステムの構築にも欠かせない注目の技術について、コンテナ仮想化のプラットフォームであるDockerと合わせて解説します。

● コンテナ型仮想化技術とは

6-8では、仮想化の手法には大きく分けて2種類があると説明しました。1つはアプリケーションの実行環境だけをエミュレートした**コンテナ型**、もう1つはハードウエアを丸ごとエミュレートする**ハイパーバイザー型**です。

コンテナ型の特徴は、アプリケーションの実行に必要なプロセスやリソースを切り離して、他のプロセスから独立して実行できる点にあります。そのためハイパーバイザー型の実行単位である**仮想マシン**と、コンテナ型の実行単位である**コンテナ**と比較すると、コンテナのほうが小さくなります。

コンテナは、小さなサービスをAPIによって連携させるアーキテクチャの**マイクロサービス**の普及ととともに、さまざまなシステムで活用されており、サーバーレスプラットフォームのFaaS（6-9参照）でも、コンテナ型仮想化技術が使用されています。

さまざまなシステムを組み合わせて利用するWebシステムでは、コンテナ型仮想化技術が欠かせない技術要素になっています。

■ コンテナ型仮想化技術の特徴

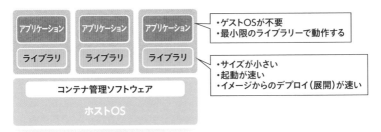

物理マシン

　コンテナ型仮想化技術の実行環境として、広く普及しているのが、**Docker**（ドッカー）です。オープンソースソフトウェアとして配布されており、自身の物理サーバーにインストールして手軽に実行することができます。

　また、**Amazon Web Services（AWS）**や**Microsoft Azure**、**Google Cloud Platform（GCP）**などのクラウドサービスでも、Dockerをかんたんに利用できるサービスが提供されています。

● Dockerの特徴

　Dockerは、コンテナ型仮想化技術を用いて、構築したアプリケーションをデプロイ（展開）して実行します。Webアプリが組み込まれた**Dockerイメージ**をダウンロードして起動するだけで、面倒なOSやアプリケーションのインストール作業を行うこと無く、Webサーバー環境を瞬時に用意することができます。

　Dockerが普及した要因として挙げられるのは、構築作業とその手順書を**Dockerfile**と呼ばれるテキストファイルに記述できること、ユーザーが作成し

たコンテナをアップロードして共有できる**Docker Hub**（https://hub.docker.com/）と呼ばれるエコシステムが確立されていることです。また最近では、**Kubernetes**に代表される自動化ツールと連携できる点も支持されています。

Dockerの実行単位は**コンテナ**です。コンテナはDockerイメージを元に起動します。コンテナの起動に必要なライブラリーや設定ファイルを集めたものがDockerイメージになります。たとえばDockerでWebサーバーを起動するには、Webサーバー用のDockerイメージを用意してコンテナとして起動します。

■ Docker のエコシステム

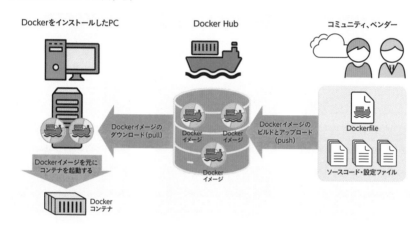

ハイパーバイザー型では、OSを丸ごと収めたイメージファイルを元に仮想マシンを起動するため、イメージファイルのサイズは大きくなります。一方Dockerなどのコンテナ型では、ホストOSのカーネルやライブラリーを共有するため、OSを丸ごとイメージ化する必要が無く、イメージファイルのサイズは最小限になります。

Dockerイメージはユーザー自身で作成可能ですが、ユーザーコミュニティーやソフトウェアベンダーによって作成されたものがDocker Hubからダウンロードできます。Docker Hubには2021年8月時点で、400万個を超えるイメージが登録されています。

7章

Webコンテンツの種類

一言でWebページといっても、いろいろな技術によってコンテンツが構成されています。本章では、Webページの基本となるHTMLから、CSS、XMLなどコンテンツを作るための技術について解説を進めていきます。

01 ハイパーリンクとHTML

Webでは、複数のドキュメントの関連付けを行うハイパーリンクによって、相互の
つながりを可能にしています。HTMLはこのハイパーテキストを記述するための言語
で、Webページを作るために利用される言語です。

● ハイパーリンクとは

HTTP（Hypertext Transfer Protocol）はその名の通り、ハイパーテキストを転
送するためのプロトコルとして考案されました。ハイパーテキストとは、複数
のドキュメントの関連付けを可能にしたドキュメントのことです。**ハイパーリ
ンク**によってWebサイトのリンクをたどることが可能になり、次々に関連す
る文章を表示できるようになります。

■ ハイパーリンクによって相互に結び付けられたハイパーテキスト

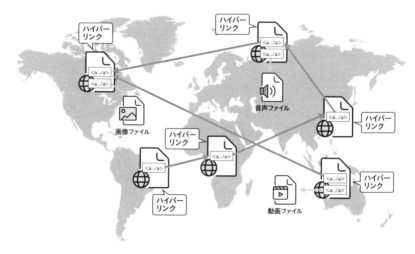

ハイパーリンクの表現には、現在以下のような記述が用いられています。

```
<a href=" リンク先のURL">表示させたいWebコンテンツ</a>
```

テキストだけではなく、画像や音声ファイルなどもハイパーリンクによって結び付けることができます。

● HTMLとは

HTMLの正式名称は「HyperText Markup Language」といい、その名の通りハイパーテキストを記述する際に使用する言語です。**マークアップ言語**とは、各文章に対する構造や見た目など指定するための言語です。

組版のための指示を印刷所に伝える出版業界の用語に因んで名付けられ、文章の構造や見た目以外にも、さまざまな要素を文章に加えることが可能です。またテキストファイルを用いるため、人の手で編集を加えることもできます。

HTMLドキュメントの拡張子には「**.html**」が用いられます。古いOSなどの制限で、拡張子に3文字しか割り当てられない場合は、拡張子「.htm」が使用されることもありますが、現在は「.html」を使用するのが一般的になっています。

■ HTMLファイル

02 | HTMLタグ

7-1では、HTMLがマークアップ言語として構造や見た目を指定する言語だと解説しました。HTMLとして指定する際、意味付けを行うために使用されるのがHTMLタグです。

● HTMLタグの基本的な使い方

　HTMLでは、各文章に対する構造や見た目など指定する際は**HTMLタグ**（Tag）を用います。たとえば見出しを付けたい場合は、「\<h1\>見出し\</h1\>」のように、対象となる文字列の前後に見出しの指定を表すHTMLタグを入れます。なおHTMLタグは大文字と小文字の区別はなく、「\<h1\>」でも「\<H1\>」でも同じ意味を示します。

　また見出しや段落の他に、表やリストなどもHTMLで表現できるよう、さまざまなタグがあらかじめ定義されており、対象文字列の前に置かれるタグを**開始タグ**、後ろのタグを**終了タグ**と呼びます。

■ タグの指定方法

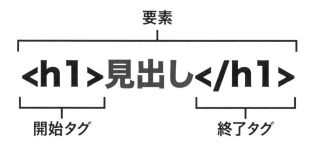

要素

\<h1\>見出し\</h1\>

開始タグ　　　　　　　終了タグ

● 終了タグが無いHTMLタグ

タグには終了タグが無いものもあります。たとえば改行を意味する「**\<br\>**」

や、画像を挿入する「**<img>**」などはタグ単体で意味を持っており、これらの対象文字列を必要としないHTMLタグには終了タグは存在していません。

```
<br>
<img src="gihyo.jpg">
<hr>
```

● 開始タグ・終了タグが省略可能なHTMLタグ

一方、終了タグは定義として存在しているが省略可能なHTMLタグもあります。以下の例では、「**</li>**」（終了タグ）が省略されています。

```
<ul>
<li>アイテム1
<li>アイテム2
</ul>
```

他にも「**<tr>**」「**<th>**」「**<td>**」などの表関連のタグや、「**<dt>**」「**<dd>**」などのリスト関連のタグでも終了タグを省略可能です。これらのタグは、ブラウザーがレンダリングする段階で、次の開始タグの前に自動的に終了タグを挿入します。

さらに開始タグさえも省略可能なHTMLタグもあります。以下の例では「**<html>**」「**<head>**」「**<body>**」の3つのタグ（と終了タグ）が省略されていますが、これらのタグを省略しても正しく認識されます。

```
<meta charset="UTF-8">
<title>Test</title>

<h1>テストです</h1>
...本文...
```

03 HTMLの基本構造

HTMLはさまざまな要素で構成されています。HTMLを記述する上で欠かせない要素について解説します。

● 文書型宣言・ヘッダー・ボディ

　HTMLドキュメントは、大きく**文書型宣言**、**ヘッダー**、**ボディ**で構成されています。HTTPメッセージ（**3-5**参照）にもヘッダーとボディが含まれているため、単にヘッダー・ボディといっただけでは、どちらを指しているのかわからないため、注意が必要です。

■ HTMLドキュメントの基本構造

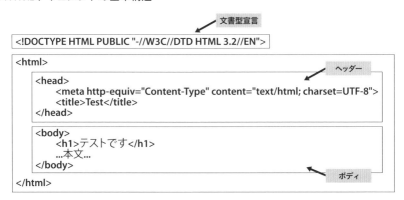

● 文書型宣言

　HTMLドキュメントの先頭には、その文書がどのような**文書型定義**（**DTD**：Document Type Definition）に基づいて記述されているかを「**<!DOCTYPE ...>**」を使って宣言します。HTMLには複数のバージョンが存在し、バージョンごと

に使えるタグや属性が異なっていたり、指定方法が異なるためです。そこでどのバージョンに基づいて作られたHTMLドキュメントなのかをここで明確にしています。

　同じバージョンであっても、新バージョンへの移行のための互換性を配慮したものや、逆にそうでないものなど、DTDが異なるものが複数存在します。

　HTMLドキュメントで使用される主なDTDは以下の通りです。

- ・HTML 3.2 DTD
- ・HTML 4.01 Transitional DTD (移行用)
- ・HTML 4.01 Frameset DTD (フレーム使用可能)
- ・HTML 4.01 Strict DTD (厳格)
- ・HTML5
- ・ISO-HTML

「<!DOCTYPE ...>」は以下のように記述します。DTDを参照できるURLを示す**システム識別子**は省略可能です。

■ 文書型宣言 (DTD) の指定方法

```
<!DOCTYPE HTML  PUBLIC  "-//W3C//DTD HTML 4.01//EN"  "http://www.w3.org/TR/html4/strict.dtd">
```

文書タイプが「HTML」であることを記述する

DTDが公開されたものであることを示す。DTDが非公開の内部用なら「SYSTEM」を指定する

公開識別子。DTDを特定するための情報を記述する

システム識別子。DTDを参照できるURLを記述する(省略可能)

　「<!DOCTYPE ...>」はブラウザーで解釈され、レンダリングの方法を決定します。最近のブラウザーは**DOCTYPEスイッチ**と呼ばれる機能で、表示モードを切り替えることができます。詳細は**7-4**で解説します。

ヘッダー

　ヘッダーには、ページタイトル、使用言語 (文字コード)、キャッシュの有効期限、検索サイトのためのキーワード、サイトの説明など、HTMLドキュメントに対するメタデータを挿入します。

ヘッダー内で使われるタグには、「<title>」「<link>」「<script>」「<meta>」など
があります。

　以下の例では、「<meta>」タグで文字コードに UTF-8 が、「<title>」タグでペー
ジのタイトルに「トップページ | gihyo.jp … 技術評論社」が指定されています。
他にも「<meta name="description" …」でサイトの説明、「<meta name="keywords"
…」で検索サイト用のキーワードを設定しています。

```
<head>
<meta charset="UTF-8">　←文字コードを指定
<title>トップページ | gihyo.jp … 技術評論社</title>　←タイトルを設定
<meta name="description" content="" />　←ページ説明
<meta name="keywords" content="技術評論社,gihyo.jp," />　←検索キーワード
…
</head>
```

　ユーザーに直接見えるのは、「<title>」タグの内容だけですが、**CSS**（**7-5**参照）
と呼ばれるデザインを適用するためのファイルも、ヘッダー内の「<link>」タ
グで読み込むことができます。

コラム　ヘッダーの誤解

　「ヘッダー」といっても、Web技術ではいろんな局面で使用されます。
本文で解説した「ヘッダー」は、HTMLファイルの冒頭に記述されるブ
ロックになり、「<title>」タグ以外の内容は、Webブラウザーに表示さ
れません。
　対してWebページデザインの「ヘッダー」は、画面の上部に表示され、
タイトルやメニューが配置される領域になります。さらにアプリケー
ションプロトコルHTTPでの「ヘッダー」は、リクエストメッセージや
レスポンスメッセージに付加される接続に関する情報になります。
　「ヘッダー」と聞いた際は、何に関する話題なのか確認し、その意味
を理解するようにしましょう。

● ボディ

ボディにはさまざまなHTMLタグを使って、Webページの本文を記述します。ボディを構成する要素を、**ブロックレベル要素**と**インライン要素**に分けることができます。

　ブロックレベル要素は、見出しや段落といった、表示する際に1つのブロックとして扱われるものを指します。たとえば表やリストもブロックレベル要素になります。

　インライン要素は強調や画像の埋め込みなど、ブロックレベル要素の一部として内側に含まれ表示されるものを指します。ブロックレベル要素は新しい行から始まり、インライン要素は行内のどこからでも始めることができます。なおHTML5では、要素の分類は**コンテンツカテゴリー**に置き換えられています。

■ ブロックレベル要素とインライン要素

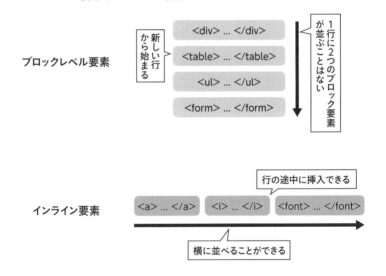

195

04 HTMLの互換性

ブラウザーのバージョンが古いと、レイアウトが崩れたり、文字サイズが想定されたものと違ったりします。そのような古いブラウザーとの互換性を維持するため、文書型宣言（DTD）を用いて、ブラウザーのレンダリングエンジンを制御できます。

⬤ ブラウザーのレンダリングモード

Webページの画面描画は、ブラウザーの**レンダリングエンジン**によって行われます。同じHTMLファイルであれば、どのブラウザーであってもほぼ同じレイアウトになるはずですが、レイアウトが崩れたり、文字サイズが想定されたものと異なることがあります。これはブラウザーのレンダリングエンジンの差異によるものです。

このような現象を無くすために、各ブラウザーのレンダリングエンジンにはモードが用意されており、HTMLを解釈して画面に描画する方法を変更できます。ブラウザーが文書型宣言（DTD）に合わせてモードを切り替えることを**DOCTYPEスイッチ**と呼びます。

HTMLでブラウザーのレンダリングモードを変えるには、**文書型宣言（DTD）**を使用します。具体的には、HTMLの冒頭に「**<!DOCTYPE ...>**」を使って宣言します。

■ 文書型宣言

ブラウザーのレンダリングモードは、**標準モード（Standard）**と**互換モード（Quirks）**の2種類があります。

標準モード（Standard）は、CSSなどの仕様通りに正しく表示するモードです。現在のブラウザーはCSSを解釈して標準仕様通りにWebページを表示しますが、それを文書宣言で指定する場合は、標準モードを指定します。

互換モードは、まだCSS普及する前のブラウザーとの互換性を維持するためのモードです。互換モードを指定することで、ブラウザーは標準仕様とは異なる方法でHTMLを解釈して画面に描画します。互換モードではCSSの指定が正しく解釈されないため、レイアウトや文字サイズなどが製作者が意図したものと異なる可能性があります。

◯ 文書型宣言 (DTD) の指定方法

文書型宣言（DTD）を用いてWebページを表示する際のレンダリングモードをHTMLで指定します。HTML 4.01では、文書型宣言の指定方法として3種類あり、HTMLの1行目に「<!DOCTYPE」で始まる宣言を記述することで、レンダリングモードを指定します。

● Strict DTD

Strict DTD（厳密型）では、HTML4.01本来の記述に厳密に従い、Web技術の標準化を推進しているW3Cが非推奨とするタグと属性は使えません。またフレームも使えません。HTMLドキュメントでWebページのスタイルを指定する方法が限られますが、CSSでスタイルをすべて設定していれば、問題無く反映されます。

```
<!DOCTYPE HTML PUBLIC "-//W3C//DTD HTML 4.01//EN">
```

```
<!DOCTYPE HTML PUBLIC "-//W3C//DTD HTML 4.01//EN" "http://www.w3.org/TR/
html4/strict.dtd">
```

● Transitional DTD

Transitional DTD（移行型）と呼ばれる文書型宣言では、W3Cが非推奨とするタグや属性も使えます。ただしフレームは使えません。

```
<!DOCTYPE HTML PUBLIC "-//W3C//DTD HTML 4.01 Transitional//EN">
```

```
<!DOCTYPE HTML PUBLIC "-//W3C//DTD HTML 4.01 Transitional//EN" "http://www.
w3.org/TR/html4/loose.dtd">
```

● **Frameset DTD**

Frameset DTD（フレームが使える移行型）と呼ばれる文書型宣言では、
W3Cが非推奨とするタグや属性に加えて、フレームも使用できます。なお最
近では、Webページにフレームが使用されなくなったため、Frameset DTDは
使用されていません。

```
<!DOCTYPE HTML PUBLIC "-//W3C//DTD HTML 4.01 Frameset//EN">
```

```
<!DOCTYPE HTML PUBLIC "-//W3C//DTD HTML 4.01 Frameset//EN" "http://www.
w3.org/TR/html4/frameset.dtd">
```

◉ ブラウザーのレンダリングモードを指定する

文書型宣言でブラウザーのレンダリングモードを指定する際は、Transitional
DTD、Transitional DTD、Frameset DTDを使い分けます。またシステム識別子
の有無も影響します。また実際に、標準モードと互換モードが適用されるかど

コラム　レンダリングエンジン

Webサーバーから受け取ったデータをもとにグラフィック化して画
面に表示するのがレンダリングエンジンの役割です。同じWebページ
を開いても、見え方に違いが出るのはレンダリングエンジンの違いに
よるものです。

2021年現在、主なレンダリングエンジンは以下の通りです。

・Blink（Google Chrome、Microsoft Edge）

・WebKit（Safari）

・Gecko（Mozilla Firefox）

うかはブラウザーに依存します。多くのブラウザーは文書型宣言により、各**レ
ンダリングモード**が設定されます。

■ ブラウザーのレンダリングモード

宣言の種類	システム 識別子の有無	文書型宣言の指定	レンダリン グモード
Strict DTD	無	<!DOCTYPE HTML PUBLIC "-//W3C// DTD HTML 4.01//EN">	標準
	有	<!DOCTYPE HTML PUBLIC "-//W3C// DTD HTML 4.01//EN" "http://www. w3.org/TR/html4/strict.dtd">	標準
Transitional DTD	無	<!DOCTYPE HTML PUBLIC "-//W3C// DTD HTML 4.01 Transitional//EN">	互換
	有	<!DOCTYPE HTML PUBLIC "-//W3C// DTD HTML 4.01 Transitional//EN" "http:// www.w3.org/TR/html4/loose.dtd">	標準
Frameset DTD	無	<!DOCTYPE HTML PUBLIC "-//W3C// DTD HTML 4.01 Frameset//EN">	互換
	有	<!DOCTYPE HTML PUBLIC "-//W3C// DTD HTML 4.01 Frameset//EN" "http:// www.w3.org/TR/html4/frameset.dtd">	標準

7

○ HTML5の文書型宣言

最新のHTML 5では文書型宣言は1種類のみです。表記はシンプルになり、
大文字、小文字を区別せずに短く記述することができます。

```
<!DOCTYPE html>
```

HTML 5であることを明示的にブラウザーに伝えるよう、HTMLファイルに
上記1行を追加します。なお省略した場合は、ブラウザーのレンダリングモー
ドは互換モードに設定されます。

05 CSS

Webページの記述には、HTMLに加えてCSSを使用します。Webページの見た目を
左右するCSSは、幅広い表現を使った現在のWebコンテンツには欠かせません。

● 文書構造とスタイルの分離

CSS（Cascading Style Sheets）は、一般的には**スタイルシート**と呼ばれてい
ます。CSSの役割は、レイアウトや文字サイズといったWebページの見た目
を指定することです。HTMLでも「<font>」タグや「<center>」タグなどを使って、
Webページの見た目を指定することはできますが、ブラウザー側で表示させ
る際に制作者の意図を忠実に反映させるためにCSSを使用します。

HTMLが見出しやヘッダ情報といったWebページ内の各要素の意味や文章構
造を定義するのに対し、CSSでは、それらをどのように装飾するかといった
スタイルを指定します。CSSはWebページの見栄えを左右する重要な役割を
担っています。

HTML4.01の仕様では、HTMLドキュメントから見栄えに関する指定を分離
することが望ましいとされており、スタイルについてはCSSで指定することが
推奨されています。HTMLをどのように表示するかは、ブラウザーのレンダリ
ングエンジンによって異なります。

HTMLタグを駆使して見た目を調整しても、実際にブラウザーで表示した際
に、ブラウザーによって、見た目が再現されない場合があります。その点、
CSSなら制作者の意図通りの見た目になります。

■ CSS無しのWebページ

■ CSSありのWebページ

● CSSファイルの作り方

CSSファイルを作成する際、ファイル名に拡張子の「**.css**」を付けることで、CSSファイルとして認識されます。「style.css」というCSSファイルをHTMLファイルに適用させるには、HTMLのヘッダー（<head>〜</head>）内に次のように指定します。

```
<head>
<link rel="stylesheet" href="style.css" type="text/css">
 ↑ CSSファイルが「style.css」の場合
</head>
```

　CSSファイルには、HTMLのタグをどのようなスタイルにするのかを記述しています。

■ CSSの有無でスタイルが変わるWebページ

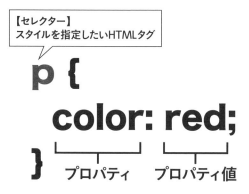

　タグごとにスタイルを設定し、その単位を**ルールセット**と呼びます。各ルールセットは「**{ }（中括弧）**」で囲み、その中で、「**プロパティ：プロパティ値;**」のように宣言します。プロパティとプロパティ値とは「**: (コロン)**」で仕切り、行末には「**; (セミコロン)**」を付けます。

　上記の図では、<p>タグで囲まれたブロックに対し、赤色（red）の文字色（color）を指定しています。宣言は複数個置くことができます。以下の例では、文字色（color）、囲み幅（width）、囲み線の種類（border）などを指定しています。

```
p {
  color: red;
  width: 500px;
  border: 1px solid black;
}
```

この内容で「style.css」ファイルを作成し、同じフォルダー内に以下のような HTML ファイルを作成します。

```
<html>
<head>
<link rel="stylesheet" href="style.css" type="text/css">
</head>

<body>
<h1>CSS Test Page</h1>

<p>Paragraph Block</p>
</body>
</html>
```

■ style.cssを適用したsample.html

●CSSのレベル

2021年8月現在、CSSのレベルにはCSS1／CSS2／CSS2.1／CSS3があり、レベルが上がるほど設定可能な書式が増え、よりデザイン性を向上できます。ほとんどのWebブラウザーがCSS3に対応しており、Webページを作成する際もCSS3を使うのが一般的です。

2011年に勧告されたCSS3以降、モジュール化が進められており、モジュールごとに仕様策定が行われています。そのためCSS4は存在せず、各モジュールごとにレベルが管理されています。

06 静的コンテンツ・動的コンテンツ

Webサーバーでは、ブラウザーからリクエストを受け取りレスポンスとしてWebコンテンツを返します。このWebコンテンツには静的コンテンツと動的コンテンツの2種類があります。これらの違いについて解説します。

● 静的コンテンツ

Webサーバーがブラウザーからリクエストを受け取った後、主に2種類の処理が行われています。1つ目は、あらかじめ用意された画像やHTMLドキュメントをブラウザーにレスポンスとして送信することです。リクエスト内容に影響されず、常に同じ内容になるコンテンツを**静的コンテンツ**と呼びます。

■ 静的コンテンツ

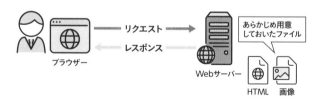

当初Webシステムは、研究資料の閲覧や共有のために開発されましたが、決まった内容の静的コンテンツが表示できれば事が足りました。現在も企業の会社案内のように、内容の変化があまり発生しない情報をWebサイトで公開する際は、静的コンテンツが用いられます。

● 動的コンテンツ

もう1つは、リクエストの内容に応じて、HTMLドキュメントなどのコンテンツを自動的に生成し、それをクライアントに送信するものです。このように

自動的に生成されるコンテンツを、**動的コンテンツ**と呼びます。

　Webシステムの当初は静的コンテンツだけで十分でしたが、Webシステムの普及とともに、表現により豊かさが求められ、単なる画像や音声だけではニーズを満たせなくなりました。そのため、アニメーションや3D効果などの表現に加え、リクエストに応じて表示内容を変化させる動的コンテンツの技術が利用されるようになりました。

　現在では、利用されているWebページの多くは動的コンテンツを利用しています。たとえばGoogleやYahoo!などの検索サイトやニュース配信サイトでは、動的なしくみによりWebページが作成されています。またSNSやゲームサイト、ブログなどでも動的コンテンツが利用されています。

●サーバーサイド

　動的コンテンツには、Webサーバー側でコンテンツを作成する**サーバーサイド**と、ブラウザー側で作成する**クライアントサイド**の2種類があります。

　サーバーサイドでは、リクエストされた内容を解析してパラメーターを取り出し、サーバー上のアプリケーションにパラメーターを渡して実行します。実行結果はWebコンテンツに埋め込まれてレスポンスとしてブラウザーに送信されます。動的コンテンツでは、サーバーにより大きな負荷がかかります。そのため、動的コンテンツを作成する専用の**Webアプリケーションサーバー**を用いるのが一般的です。

■ 動的コンテンツ（サーバーサイド）

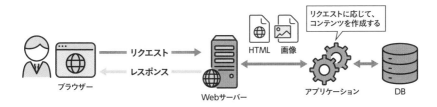

●クライアントサイド

　クライアントサイドでは、Webコンテンツの中にプログラムやコードが埋め込まれており、それらをブラウザー側で解析して実行します。プログラミン

グ言語としてJavaScriptが使用され、ブラウザーにはJavaScriptを高速に実行する**JavaScriptエンジン**が搭載されています。

　クライアント側でプログラムが実行されるため、Webサーバーの負担は軽くなる一方、表示速度や反応速度はクライアント側の環境に依存します。

■ 動的コンテンツ (クライアントサイド)

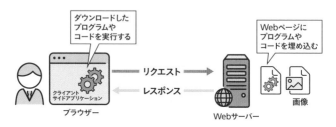

サーバーサイドアプリケーションの作成

　動的コンテンツをサーバー側で作成するサーバーサイドには、主に以下のしくみが必要です。

　・サービスを実現するためのロジック
　・データを保存するしくみ

　「**サービスを実現するためのロジック**」として機能しているのが、**サーバーサイドアプリケーション**と呼ばれるプログラムです。PythonやPHPなどコンパイル不要のスクリプト言語が多く利用されているため、**サーバーサイドスクリプト**とも呼ばれています。

　コンテンツを作成するには、元となるデータが必要です。数百万のデータを効率良く読み書きできる「**データを保存するしくみ**」がサーバーサイドアプリケーションに必要となります。

　ユーザーデータや商品データといったテキストタイプのデータ、日付や時間といった日時タイプのデータなど、データにはさまざまな種類が存在します。またシステムが大きくなるほどデータ量も膨大なものとなるため、これらのデータはデータベースなど専用のシステムを利用するのが一般的です。

07 XML

マークアップ言語の1つであるXMLは、主にインターネット上でさまざまなデータを扱うのに利用されています。ここでは、XMLの書き方や使い方について解説します。

● XMLとは

XML（Extensible Markup Language）はマークアップ言語の1つです。HTMLが文書の構造や見た目をマークアップするのに対し、XMLはデータ構造をマークアップします。HTMLで使用できるタグは事前に定義されたものだけですが、XMLは自由にタグを設定し使用することが可能です。

たとえば、以下は「蔵書リスト」をHTMLで記述した例です。

```
<!DOCTYPE HTML PUBLIC "-//W3C//DTD HTML 4.01//EN">
<html>
  <head>
    <meta http-equiv="Content-Type" content="text/html; charset=UTF-8">
  </head>
  <body>
    <ul>
      <li>サーバー構築の実際がわかる Apache【実践】運用／管理</li>
      <li>鶴長鎮一 </li>
    </ul>
    <ul>
      <li>rsyslog 実践ログ管理入門</li>
      <li>鶴長鎮一 </li>
    </ul>
  </body>
</html>
```

■ HTMLで記述した蔵書リストをブラウザーで表示する

● XMLの記述例

この「蔵書リスト」をXMLで記述した例は以下の通りです。

```
<?xml version="1.0" encoding="UTF-8" ?>
<sample>
  <book>
    <name>サーバー構築の実際がわかる Apache【実践】運用／管理</name>
    <author>鶴長鎮一</author>
  </book>
  <book>
    <name>rsyslog 実践ログ管理入門</name>
    <author>鶴長鎮一</author>
  </book>
</sample>
```

■ XMLで記述した蔵書リストをブラウザーで表示する

HTMLの蔵書リストは、人の目で見やすいようレイアウトされている一方、書籍名や著者名を意味のある形式で取り出すことは難しくなっています。一方、

XMLの蔵書リストは、人の目にはわかりづらいものの、それぞれのデータの意味をタグで理解でき、**パーサー**と呼ばれる変換プログラムを使って、容易にデータを抽出できます。

　パーサーによってかんたんにデータを抽出できるため、XMLはアプリケーション間のデータ連携に利用されやすく、インターネットを介したデータの共有に長けています。またXMLドキュメントは、HTMLドキュメントと同様にテキスト形式を採用しており、特定の環境に依存することなく、人の手でデータの加工を行うことが可能です。

　タグは自由に設定できるうえ、入れ子にすることもできます。数字や文字など、どんな型や長さのデータでもタグで囲めば、データとして扱うことができます。そのため、表計算ソフトウェアなどのオフィスソフトウェアから、データベースやグラフィックデータまで幅広い分野でXMLが利用できます。

　また汎用的なパーサを利用すれば、データ形式にXMLを用いたアプリケーションをかんたんに作成できます。

● REST APIとXML

　インターネット上のプログラム間通信で、Webベースの通信方式を使ってデータの連携を可能にしたものを **Web API** と呼びます。その中でも広く普及しているのが**REST API**（RESTful API）と呼びます。

　REST APIは、パラメータを付加したURLを使ってWebサーバーにアクセスするだけで、XMLで記述されたメッセージをレスポンスとして受け取ることができます。

■ REST API

Webサービスの中には、パラメータとして郵便番号を付加したURLを、Webサーバーに送信することでXML形式の住所データを受け取ることができるものが提供されています。

　その一例として「http://zip.cgis.biz/」で公開されている**郵便番号検索API**を使ってみましょう。ブラウザーを起動し、アドレスバーに「http://zip.cgis.biz/xml/zip.php?zn=1030000」と入力します。URLの末尾にある「1030000」は郵便番号です。

　アクセスに成功すると、XMLドキュメントが表示されます。このXMLドキュメントから各要素を取り出すことができ、さまざまな用途に活用することができます。

■「http://zip.cgis.biz/」で郵便番号検索して結果をXMLで受信

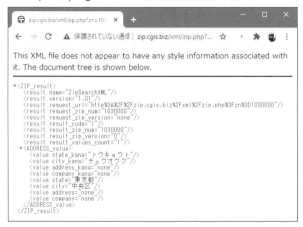

　他にもREST API形式のWebサービスは数多くあります。AmazonやGoogleなど大手サイトでは無償でREST APIが公開されています。これらのWebサービスからXMLでデータを取り出し、自身のアプリケーションに利用することで、かんたんに機能を向上させることができます。

08 JSON

JSONもWeb APIでは頻繁に利用されるデータ形式です。データをJSON形式にすることでXMLに比べて軽量化できます。ここでは、JSONの書き方や使い方について解説します。

● JSONとは

Webサービスでやり取りされるデータ形式として、XMLは長年利用されてきましたが、XMLに代わり利用されてきたのが**JSON**（JavaScript Object Notation）です。

XMLでは要素の記述にタグを用いるため、データに対する修飾子の割合が高くなり、ファイルサイズが大きくなりがちです。それに比べてJSONはファイルサイズが小さく軽量でまとめられるというメリットがあります。またJSONは人の目で内容を確認して修正できる点もメリットといえます。

● JSONの記述例

以下は**7-7**で紹介したXML形式の蔵書リストをJSON形式で記述したものです。

```
{
  "sample": {
    "book": [
      {
        "name": "サーバー構築の実際がわかる Apache【実践】運用／管理",
        "author": "鶴長鎮一"
      },
      {
        "name": "rsyslog 実践ログ管理入門",
        "author": "鶴長鎮一"
      }
```

```
    ]
  }
}
```

　JSONデータ内の各オブジェクトは、**キー**（Key）と**値**（Value）のペアからなる**メンバー**で構成されています。上記の例では「name」「author」がキー、「サーバー構築の実際がわかる……」「鶴長鎮一」がそれぞれの値となり、たとえば「name」と「サーバー構築の実際がわかる……」のペアがメンバーとなります。

■ JSONデータの構造

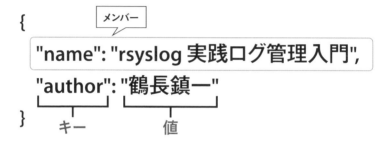

　JSONでキーに使用できるのは**文字列型のオブジェクトに限定**されます。値には、文字列型に加えて数値型や配列型、ブーリアン型（真と偽の2種類の値のみを扱うデータ型）などのオブジェクトも挿入できます。

　オブジェクトの前後は「**{...}（中カッコ）**」で囲み、「**{オブジェクト}**」のように指定します。複数のオブジェクトを配列で指定するには、「**[...]（大カッコ）**」を使って、「**[{オブジェクト1}, {オブジェクト2}]**」と指定します。

　キーや値に文字列型を指定する場合は、前後を「**"（二重引用符）**」で囲みます。その際はセキュリティを考慮し、**ユニコードエスケープ処理**を行うことが推奨されています。

　ユニコードエスケープ処理とは、「\u」に続けてUnicode番号を4けたの16進数で指定した、「\u○○○○」といった形式にするものです。ユニコードエスケープ処理により、JSON中にJavaScriptの不正なコードが紛れ込むのを防ぐことができます。

　JSONはその正式名称の通り、データの記述にスクリプト言語のJavaScript

の記法が用いられており、JavaScriptとの親和性が高いのが特徴です。ただし PHPやJavaなど、他のプログラム言語向けのライブラリーも公開されている ため、プログラム言語を問わず手軽に利用できます。

　スマホアプリやソーシャルゲームなどの開発でもJSONが利用されていま す。また文字列型や数値型以外にも配列型、ブーリアン型といったプログラム から扱いやすいデータ型をサポートしている点もJSONが支持されている理由 となっています。

● Web APIとJSON

　Web APIを使って実際にやり取りされるJSONデータを見てみましょう。デー タ形式にJSONをサポートしているWeb APIは数多くありますが、一例として 無償で利用可能なハートレイルズ社の「市区町村情報取得 API」を利用してみ ましょう。

　ブラウザーを起動し、末尾に「東京都」を指定した以下のようなURLを入力 することで、東京都内の区市町村名一覧をJSONデータで取得できます。

```
https://geoapi.heartrails.com/api/json?method=getCities&prefecture=東京都
```

　アクセスに成功するとJSONデータが表示されます。「**" (二重引用符)**」で囲 まれた文字列はユニコードエスケープ処理が行われており、改行も挿入されて いないため、人の目では判別ができません。

■「市区町村情報取得 API」で区市町村名を検索して結果をJSONで受信する

そこで、JSONデータをツリー構造で見やすく表示できる、オンラインサービスの「JSON Editor Online」を利用してみましょう。

　ブラウザーで「https://jsoneditoronline.org/」にアクセスし、市区町村情報取得APIの検索結果をコピーして、JSON Editor Onlineのテキストボックスに貼り付けます。「tree」ボタンを押すと、ツリー構造に展開された区市町村名が表示されます。

■「JSON Editor Online」でJSONデータをツリー表示する

8章

▼

HTML5の基本知識

7章ではHTMLをはじめとしたWebコンテンツ全般について解説しました。本章ではHTMLの最新バージョンであるHTML5の主なポイントについて解説していきます。

01 HTML5とは

Webページの記述に用いられるHTMLの最新版がHTML5です。15年ぶり改定された HTML5はアプリケーションプラットフォームとして、さまざまなWeb技術が追加されています。

● HTML5とは

　Webの普及や技術の発展とともに、HTMLもバージョンアップを続けています。インターネットに関する技術の標準化団体である**W3C**は、**2014年にHTML5の勧告**を行いました。1999年のHTML4勧告から15年ぶりのメジャーバージョンアップとなります。

　HTML5では、マークアップ言語としての基本的な役割から、アプリケーションを動作させるための新しいプラットフォームとして機能まで、多くの機能が追加されました。

　たとえば、動画や音声の再生、2D/3Dグラフィックスの描画など、ソーシャルゲームをはじめとしたリッチアプリケーションに関する動作など、HTML4ではプラグインのインストールが必要だった機能が、ブラウザーだけで実現できるようになっています。

■ 15年ぶりに改定されたHTML5

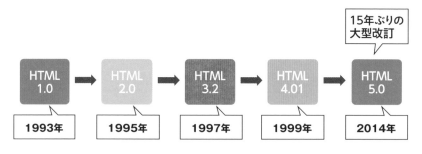

◉ HTML5のメリット

元々はマークアップ言語として位置付けられていたHTMLですが、HTML5は新しいプラットフォームとして再定義され、さまざまな技術要素の総称として位置付けられています。

HTML5のメリットとして最初に挙げられるのが**クロスプラットフォームに対応**したことです。従来HTMLページは、PCやスマートフォンのブラウザーで閲覧するのが一般的でしたが、HTML5は、PCやスマートフォン以外の家電製品やコネクテッドカーなど、ブラウザーを装備した機器であれば、あらゆる環境でWebアプリケーションを動作させることができるようになりました。

■ HTML5は新しいプラットフォームとして進化した

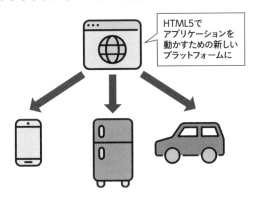

HTML5でアプリケーションを動かすための新しいプラットフォームに

従来のHTML4でもクロスプラットフォームへの対応は可能でしたが、プラットフォームごとに作り替えが生じたり、プラグインや機能拡張のインストールなど非常に手間がかかりました。

HTML5では多くの機能が追加されたことにより、ブラウザーだけでWebアプリケーションを動作させることができ、高い互換性も兼ね備えているため、スマートフォンでもIoT機器でも動作させることが容易になりました。

HTML5を製品に組み込むことで、デバイス間の違いを考慮する手間は少なくなり、開発コストを抑えることができます。HTML5の登場により、新しいサービスの開発が活発になっています。

● HTML5からHTML Living Standardへ

インターネットに関する技術の標準化団体であるW3Cは2014年にHTML5の初版を勧告し、その後も改訂版となるHTML 5.1やHTML 5.2を勧告してきました。バージョンが上がるほど、新たなタグや属性が追加され、HTMLの表現力が強化されてきました。

ところがW3Cは、2021年1月28日付でこれらの勧告を無効とすると発表しました。後継として、「WHATWG（Web Hypertext Application Technology Working Group）」が取り決めている「HTML Living Standard」が推奨仕様となります。

WHATWGは、Google、Microsoft、Apple、Mozilla、OperaといったWebブラウザーの開発者が中心となって運営されており、W3Cより開発者の意見が強く反映される傾向にあります。**HTML Living Standardは実質HTML5と大差はありませんが、今後はWebブラウザーとHTMLの進歩が、より密接に関わっていくことになります。**

HTML Living Standardは日々改定が行われており、バージョン番号はありません。改定内容は「https://html.spec.whatwg.org」で確認できます。

■ HTML5からHTML Living Standardへ

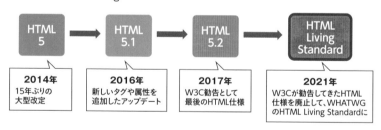

02 HTML5のセクショニング

HTML5では新しいタグが追加されていますが、中でも大きな特徴となるのが文書構造を表現するためのセクショニングに関するタグです。

● セクショニングのメリット

　章・節・項のように、文章のまとまった範囲のことを**セクション**と呼びます。多くのWebページには見出しがあり、それに続いて本文があります。一般的には、見出しではじまる文章のかたまりがセクションになります。

　HTML5では、明示的にセクションを示すことができるようになりました。以下の2つの例は同じ内容を示すHTMLですが、1つ目の旧バージョンのHTMLで書かれた文書と、2つ目のHTML5で書かれた文章を比較すると、セクションがはっきりしているのがわかります。

```
<h1>大見出し</h1>
  <h2>中見出し 1</h2>
    <h3>小見出し 1a</h3>
    <p>文章....</p>
    <h3>小見出し 1b</h3>
    <p>文章....</p>
  <h2>中見出し 2</h2>
    <h3>小見出し 2a</h3>
    <p>文章....</p>
    <h3>小見出し 2b</h3>
    <p>文章....</p>
```

```
<section>
  <h1>大見出し</h1>
  <section>
    <h2>中見出し 1</h2>
      <section>
```

```
        <h3>小見出し 1a</h3>
        <p>文章....</p>
      </section>
      <section>
        <h3>小見出し 1b</h3>
        <p>文章....</p>
      </section>
  </section>
  <section>
    <h2>中見出し 2</h2>
      <section>
        <h3>小見出し 2a</h3>
        <p>文章....</p>
      </section>
      <section>
        <h3>小見出し 2b</h3>
        <p>文章....</p>
      </section>
  </section>
</section>
```

■ 上記HTMLを表示した場合

人間の目で見ると同じように見えるWebページでも、HTML5から採用された「<section>〜</section>」タグを用いることで、ブラウザーが正しくセクションを理解できるようになります。

　ブラウザーなどのプログラム側で理解しやすいHTMLドキュメントは、Webページ検索のランキングを最適化する**SEO**（Search Engine Optimization）に有利に働きます。Webページ検索では、プログラムがWebページを解析して、Webページを評価します。その評価に基づき、検索結果の表示順位を決めているため、文書構造が理解しやすいよう整理されていることが大きく影響します。

◉ セクショニングの要素

　「<section>〜</section>」タグ以外にも、セクショニングに用いるタグがHTML5で追加されています。

■ 主なセクショニングの要素

セクショニングタグ	用途
<article>〜</article>	独立した記事を表すセクション
<aside>〜</aside>	補足的なコンテンツを含んだセクション
<figure>〜</figure>	図、写真、表を含んだセクション
<footer>〜</footer>	フッターセクション
<header>〜</header>	ヘッダーセクション
<nav>〜</nav>	メニューなどのナビゲーションセクション
<section>〜</section>	一般的なセクション

　Webページの構成や意味をはっきりさせることで、ブラウザーや検索エンジンなどのプログラムがWebページを正しく解釈できるようになります。

03 | HTML5 で追加された API

HTML5にはアプリケーションプラットフォームとして、さまざまなWeb技術が追加されています。その中核になっているのがAPIです。ここではHTML5で追加された主なAPIを確認していきましょう。

● APIとは

API（Application Programming Interface）とは、あらかじめ用意された機能を他の人たちが利用するために提供されるインターフェイスのことです。使いたい機能をイチから作る必要がなくなり、APIを実装することで手軽にその機能が使えるようになります。

なお、本書におけるAPIは **Web API** を指します。Web APIとは、HTTP／HTTPSを介して利用されるAPIのことで、HTTP／HTTPSで通信を行うことによって、異なるプログラミング言語で作られたアプリケーション間の通信も可能になります。

● HTML5で追加された主なAPI

HTML5で追加されたAPIを使って開発されたアプリケーションは、従来はサードパーティー製プラグインのインストールや機能拡張が必要だった機能がブラウザーだけで実現可能になりました。

たとえば、UIのインタラクティブな機能や、ハードウェアアクセラレーションを使った2D/3Dグラフィックスの描画などの機能があります。またHTML5に対応したブラウザーがあればよいため、クロスプラットフォーム化も容易に実現できます。

HTML5で用意されたAPIの多くは **JavaScript** で実装しますが、APIによってC言語やC++などのプログラム言語を使用するものもあります。

■ HTML5で追加された主なAPI

API	説明
Canvas API	Webブラウザ上に主に2Dグラフィックを描くことができる
HTML Drag and Drop API	ドラッグ＆ドロップに対応できる。ブラウザーには広く対応しているものの、スマートフォンやタブレットといったモバイル端末のブラウザーでの互換性が低い
Geolocation API	デバイスの緯度・経度・高度などの位置情報を取得できる
History API	ブラウザーの閲覧履歴にアクセスできる。「戻る／進む」を制御できるほか、閲覧履歴の追加や変更が可能
IndexedDB API	ブラウザーのローカル環境でKey-Value型データベースを扱うことができる
Web Audio API	簡単に音声を扱うことができる。マイク入力などの音源を選択できるほか、エフェクトやビジュアライゼーションの追加や特殊効果の適用など、音声の編集と再生が可能
WebGL API	ブラウザー上に2Dや3Dグラフィックを描くことができる。ハードウェアによるグラフィックアクセラレーションが可能
WebSocket API	サーバー・クライアント（ブラウザー）間の対話的な双方向通信が可能。サーバーにメッセージを送信したり、サーバーからクライアントに対してメッセージをプッシュすることができる
Web Storage API（SessionStrage）	ブラウザーやタブを開いている間だけ情報が保持される保存領域を使用できる
Web Storage API（LocalStrage）	ブラウザーやタブを閉じても情報が保持される保存領域を使用できる
Web Workers API	JavaScriptをマルチスレッドで実装可能。時間のかかる処理を別のスレッドに移してバックグラウンドで実行し、メインスレッドの処理を中断・遅延させずに実行を継続できる

04 | Web Audio API

8-3ではHTML5で追加された主なAPIを紹介しました。ここでは、その中でも音声を扱うライブラリであるWeb Audio APIについて解説します。

● Web Audio APIとは

Web Audio APIは、ブラウザー上で音声を扱うために利用されるAPIです。音声ファイルやマイク入力といった音源を選択できる他、エフェクトを加えたり、音を視覚化して演出するなど、音に関するあらゆる制御が可能になります。

HTML5が登場する以前は、ブラウザーで音について制御したい場合は、FlashやQuickTimeなどの**プラグイン**をブラウザーに組み込む必要がありました。

HTML5から利用可能になった「**<audio>**」タグを使えば、Webサーバーから音源をダウンロードして自動再生したり、ループ再生なども可能です。また「**controls**」属性を付けることによって、簡易なインターフェイスを実装することも可能です。

```
<body>
<audio src="sample.mp3" controls>
<p>音声を再生するには、audioタグをサポートしたブラウザーが必要です。</p>
</audio>
</body>
```

■<audio>タグによってWebブラウザーに表示された再生コントローラー

● Web Audio APIの主な機能

Web Audio APIは以下のような機能をサポートしています。

- ・音源の読み込みや生成
- ・音源に対するミキシングやエフェクトを組み合わせた音声加工
- ・低遅延なエフェクト生成や音声の再生による、ドラムマシンやシーケンサーの作成
- ・エンベロープフィルター、フェードイン・フェードアウト、グラニュラーエフェクト、フィルタースイープ、LFO (Low Frequency Oscillator) の実現
- ・音声ストリームの分割や結合
- ・ブラウザーでリアルタイム通信を可能にするWebRTCとの統合
- ・ゲームの没入感を高める空間系エフェクター (大聖堂、コンサートホール、洞窟、トンネルなど)
- ・ミュージックビジュアライザー
- ・ローパス、ハイパスといった一般的なサウンドフィルター

以下の図は音源となる波形を生成して、音量や周波数をリアルタイムに変更できるアプリケーションの例です。HTMLファイルとJavaScriptファイルの2つを用意し、Web Audio APIはJavaScriptで実装しています。

最初に音源となる波形の種類を選択して「再生」ボタンをクリックします。再生が開始したら、音量／周波数スライダーを左右に動かして、再生される音声をリアルタイムに変化させます。

音源となる波形には、正弦波／短径波／ノコギリ波／三角波などを指定できます。再生を止めるには「停止」ボタンを押すか、ブラウザーを閉じます。

■ Web Audio APIを使ったサンプル例

05 WebGL API

HTML5で追加された主なAPIとして、WebGL APIがあります。WebGL APIは HTML5対応のブラウザーであれば2D・3Dグラフィックスの描画を可能にする技術 です。

● WebGL APIとは

WebGL(Web Graphics Library)とは、ブラウザー上で2D・3Dグラフィック スの描画を可能にする技術です。HTML5対応のブラウザーであれば、特別な プラグインなどが無くても利用することができます。

WebGL APIは、**ハードウェアアクセラレーション**に対応しています。ハー ドウェアアクセラレーションとは、CPUが行っていた処理を**GPU**（Graphics Processing Unit）に任せることです。これによってCPUの負荷を軽減でき、か つGPUの性能を上げることで、動画再生や3Dグラフィックス処理などの高速 化を実現できます。

従来はネイティブアプリケーションでしか実現しなかった3Dゲームを、ブ ラウザー上で実行できるようになります。HTML5対応のブラウザーであれば、 プラットフォームに依存しないので、PCやスマートフォンに限らず、IoT機器 など幅広い場面で活用できるようになりました。

たとえばWebGL APIを利用することによって、以下のようなWebアプリケー ションの作成が可能になります。

・3Dゲーム
・3Dモデルを使った電子教材
・データを視覚化するデータビジュアライゼーション
・地形を3Dモデル化した地図
・インタラクティブなプログラミングアート

■ 回転する立方体を表示

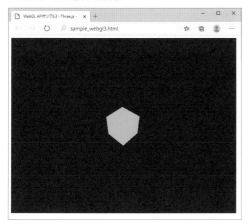

ライブラリーの活用

WebGL APIだけで2D/3Dグラフィックスを描画しようとすると、2D/3Dグラフィックスに対する専門知識を身に付ける必要があります。また記述するプログラムも膨大な量になるためたいへんです。

WebGLを手軽に利用するには、ライブラリーの活用は欠かせません。数あるWebGLライブラリーの中でも人気なのが**three.js**（https://threejs.org/）です。オープンソースソフトウェアとして無償で利用できます。

■ three.jsのWebサイト

06 | WebRTC

WebRTCを利用することで、ボイス、ビデオチャットなどのP2P通信のアプリケーションを、ブラウザー上で実行することができます。

● WebRTCとは

WebRTC（Web Real-Time Communication）は、ブラウザー同士のリアルタイム通信を可能にする技術です。HTML5に対応したブラウザーがあれば、PCやスマートフォンなどプラットフォームに依存することなく利用できるため、**P2P通信**によるWebアプリケーションの開発が可能になります。

カメラやマイクにアクセスして、ビデオや音声を活用したリアルタイムなコミュニケーションアプリケーションを手軽に実装できます。Web Audio API（8-4参照）やWebGL API（8-5参照）と組み合わせて音声やビデオを加工したり、演出効果を加えたりすることで、リッチなクライアントアプリケーションを開発できます。

P2P通信でブラウザー同士をつなげられる他、サーバーを介した多人数でのコミュニケーションツールの開発も可能になるため、テレビ会議システムの開発などに応用されています。

WebRTCの通信ではUDPを利用します。ポート番号は動的に決まるため、ファイアーウォールの制限によって通信できない場合があります。しかし後述するNATトラバーサル機能に対応させれば、ファイアーウォールを通過させることも可能です。

また通信速度やデータ転送量をコントロールする**帯域制御**にも対応しており、インターネットの環境に合わせた通信の最適化も実現可能です。

◉ NATトラバーサル

WebRTCによって、カメラやマイクなどの入力デバイスの実装がかんたんになる他、P2P通信用のAPIにより、さまざまな方式でのコミュニケーションが可能になっています。

家庭やオフィスからインターネットに接続する場合、通常は**NAT**（Network Address Translation）で、複数のプライベートIPアドレスを1つのグローバルIPアドレスに変換します。逆にインターネット側からオフィス内や家庭内の端末に接続する場合は、**NATトラバーサル**（NAT越え）を実現する必要があります。

アプリケーションにNATトラバーサル機能をイチから実装するのは大変な手間がかかりますが、NATトラバーサルに対応したWebRTCのAPIを利用することで、開発の手間を軽減することができます。

■ NATトラバーサル対応のプロトコル

プロトコル	説明
STUN (Simple Traversal of UDP through NATs)	STUNサーバーを使って、NATによって割り当てられた接続先のポート番号とグローバルIPアドレスを取得する方式
TURN (Traversal Using Relay NAT)	TURNサーバーを中継して、通信データをリレーする方式
ICE (Interactive Connectivity Establishment)	STUNとTURNを組み合わせた端末間で接続を確立するための包括的な方式

◉ WebRTCのデモアプリケーション

WebRTCを利用したアプリケーション開発の参考になるデモアプリケーションがhttps://webrtc.github.io/samples/で公開されています。WebRTCの各APIごとにサンプルが用意されており、コードを参照したり、機能を試したりできます。

07 WebSocket

ブラウザーとWebサーバーが双方向通信を可能にする、軽量なネットワークプロトコルがWebSocketです。このWebSocketのメリットとしくみについて見ていきましょう。

WebSocketとは

WebSocketは、クライアントとWebサーバーとの間で双方向通信を行うための軽量なネットワークプロトコルです。当初はHTML5の機能の1つとして策定されましたが、現在は単独のプロトコルとして規定されています。ゲームやSNSなど、リアルタイム性が要求されるアプリケーションなどで採用されています。

通常のWebサービスでは、ブラウザーからWebサーバーに対してリクエストを送信できても、逆にWebサーバーからブラウザーに対して接続を試みることはできません。

WebSocketでは、一度Webサーバーとブラウザー間で接続が確立すれば、Webサーバーとブラウザーのどちらからでも接続を開始できます。そのため、Webサーバー側からデータのプッシュ配信を行う**サーバープッシュ**が可能になります。

WebSocketのメリット

Webサーバーの情報が更新されたかどうか、ブラウザーから定期的に確認を行わなくても情報の更新と同時に、Webサーバーからブラウザーに更新情報を送信できるため、即時性の高い情報にとても有効です。

たとえばニュース配信システムの場合、HTTP/HTTPSを使った方式では、クライアントが決まったタイミングで最新ニュースの有無をサーバーに確認する必要があります。この方式だとタイミングがずれた場合は、最新ニュースの受

信に時間差が発生する可能性があります。

　しかしWebSocketを利用すれば、最新ニュースがサーバーに登録されると同時に、クライアントへの通知や配信が可能になるため、よりリアルタイムでニュースの配信が可能になります。

■ 即時性の高い情報に有効なWebSocket

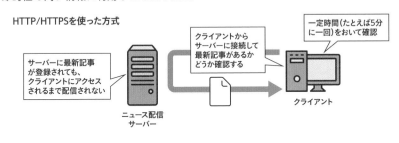

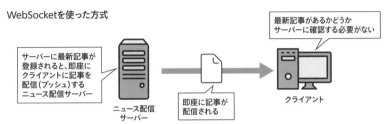

　WebSocketは、一度確立した接続を維持し続けます。接続と切断を繰り返すHTTP/HTTPSと比べてオーバーヘッドが少なく、またヘッダーのサイズもHTTPと比べて極めて小さくなります。そのため通信量の削減が可能で、サイズの小さいメッセージをひんぱんにやり取りするようなケースで効果的です。

● WebSocketのしくみ

WebSocketによるクライアントとサーバー間の通信手順は以下の通りです。

①最初にHTTPでクライアント側がサーバーに対してハンドシェイクリクエストを送ります。

②次にサーバー側はハンドシェイクレスポンスを返して、コネクションが確

立します。

③HTTPからWebSocketへプロトコルがアップグレードされWebSocket
コネクションが開始されます。

■ WebSocket通信のしくみ

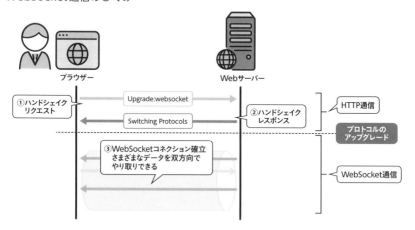

　WebSocketではURLのスキームとして「ws:」が使われます。またセキュリティ
で保護されたWebSocket接続については「wss:」が使われます。

　WebSocket APIに関する情報はhttp://www.w3.org/TR/websockets/で公開さ
れています。また各プログラミング言語用のライブラリーも多数公開されてい
ます。

■ JavaScriptで作られた簡易チャットシステム

9章

Web
アプリケーション

現在のWebでは、動的なコンテンツが主流に
なっています。本章では、このような動的なコ
ンテンツを開発する際に必要な基本知識につい
てまとめています。

Webアプリケーションの
しくみ

FacebookやTwitterなどのSNSサービスや、Yahoo!やGoogleなどの検索サイトも、WebページはWebアプリケーションによって生成されています。ここでは、動的にコンテンツを生成する一般的な例からWebアプリケーションについて見ていきましょう。

● 動的なWebアプリケーション

　SNSや検索サイト、動画配信サイトなどで、キーワードによる検索や動画の配信が行われているのも、Webアプリケーションの働きによるものです。

　ブラウザーからリクエストを受け取ったあとの最も基本的なWebサーバーの動作は、あらかじめ用意された画像やHTMLドキュメントをブラウザーにレスポンスとして送信することです。

　リクエスト内容によらず、常に同じ内容になるコンテンツを**静的コンテンツ**、リクエスト内容に応じて自動的に生成されるコンテンツを**動的コンテンツ**と呼びます（**7-6**参照）。

　動的コンテンツを作成する方法は2種類あります。Webサーバー側でコンテンツを作成する**サーバーサイド**と、ブラウザー側で作成する**クライアントサイド**です。たとえば、ブラウザー上で動作するJavaScriptプログラムはクライアンサイド、Webサーバー側で実行されるプログラムはサーバーサイドになります。

　Webアプリケーションでは、サーバーサイドで動的コンテンツを作成します。サーバーサイドでは、サーバーのリソースであるCPUやメモリーを使ってアプリケーションを実行するため、ブラウザー側の処理能力を必要としません。

■ 動的コンテンツを生成するWebアプリケーション

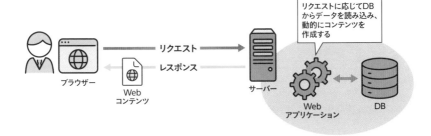

● Webアプリケーションに必要な機能

サーバー側で動的コンテンツを作成するために不可欠な機能は以下の2つです。

・サービスを実現するためのロジック
・データを保存するしくみ

サービスを実現するためのロジックとして機能するのが、Webアプリケーションです。

Pythonをはじめ、Java・PHP・Perlなどのさまざまなプログラミング言語を使って作成します。どのプログラミング言語を使うかは、Webシステムに求められる要件次第ですが、どの言語でも同じようなものを作ることは可能です。

通常は後々のメンテナンス性や開発エンジニアの確保、他システムに連携する際の機能要件をもとに、使用するプログラミング言語を決めます。最近ではサーバーの処理能力が十分高いため、メンテナンス性の高いPythonやPHPなどのスクリプト言語がよく使われています。

■Webアプリケーションに必要な機能

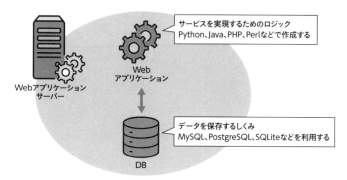

Webアプリケーション
サーバー

Web
アプリケーション

サービスを実現するためのロジック
Python、Java、PHP、Perlなどで作成する

データを保存するしくみ
MySQL、PostgreSQL、SQLiteなどを利用する

DB

● データベース

「データを保存するしくみ」として利用されるのが**データベース**（9-2参照）
を利用します。データの種類には、ユーザーデータや商品データなどのテキス
トデータ、日付や時間などの日時データなどがあります。これらのデータはファ
イルとしてサーバーに保存するよりもデータベースに保存したほうが、データ
の検索や登録が高速に実行できます。

MySQLやPostgreSQLなどの本格的な**RDBMS**（Relational DataBase
Management System、データベース管理システム）から、SQLiteなどの簡易な
データベースまで、Webシステムの規模や環境に合わせて、最適なものを選
択します。

Webアプリケーションは、データベースと同一のサーバー上で実行するこ
とも、別々のサーバーにして実行することもできます。サーバーが増えるほど、
開発や管理にかかる工数は多くなりますが、別々のサーバーに分けた分、高い
負荷に耐えられるシステムにすることが可能です。

また、データベースを分離することによって、情報漏洩や流出のリスクの軽
減など、セキュリティ面でも効果が期待できます。

● Webアプリケーションフレームワーク

Webアプリケーションの開発スピードや効率を向上させるために、**Webア**

プリケーションフレームワーク（9-4参照）がよく用いられています。

Webアプリケーションの開発において、**ひんぱんに使用する機能をライブラリーにしたものや、共通性の高い処理内容をパッケージ化したもの**がWebアプリケーションフレームワークです。

リクエスト処理、データベースとの連携、レスポンスの生成など、おおよそWebアプリケーションに必要な機能をかんたんに使えるようになります。そのため、コードをイチから書くより、フレームワークを使ったほうが、開発効率がよくなります。

プログラミング言語ごとに、さまざまな種類のWebアプリケーションフレームワークが存在します。さらに必要な機能がすべてそろえた**フルスタックフレームワーク**から、必要最低限の機能のみを備えた軽量な**マイクロフレームワーク**まで、多種多様なフレームワークを選択できます。

■ Webアプリケーションフレームワーク Django

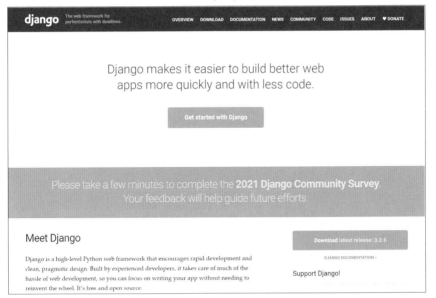

02 データベース

Webアプリケーションにおいて、一般的には「データを保存するしくみ」としてデータベースを利用します。ここでは、Webアプリケーションでよく利用されるRDBMSを中心に解説を進めます。

● Webアプリケーションとデータベース

　Webアプリケーションで動的コンテンツを作成するには、元となるデータが必要です。ユーザー情報、商品情報、投稿記事など、動的コンテンツにはさまざまなデータが利用されています。これらのデータを保存するためにデータベースが利用されています。

　コンテンツの表示に必要なデータをデータベースから読み込んだり、ブラウザから送信されるデータを登録するのもWebアプリケーションの重要な役割です。データベースにデータを保存することで検索や登録が高速に行うこと

■ Webアプリケーションとデータベース

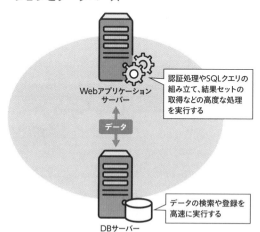

Webアプリケーション
サーバー

認証処理やSQLクエリの
組み立て、結果セットの
取得などの高度な処理
を実行する

データ

DBサーバー

データの検索や登録を
高速に実行する

が可能ですが、認証処理やSQLクエリーの組み立て、結果セットの取得など
の処理を行う必要があります。これらの処理もWebアプリケーションの役割
になります。

◯ RDBMS の基本

　データベースでは、データを格納するために表形式のテーブルを利用します。
1つのデータベースシステムの中に、用途によって複数のテーブルを作成して
使い分けます。データによっては、テーブル間での連携が必要なケースがあり
ます。

　たとえば、ユーザー情報を管理するテーブルに郵便番号が登録されており、
その郵便番号から住所を引き当てるために、別のテーブルと連携して目的の
データを見つけ出すなどの操作を行います。

　データは他のデータとの関係性で成立しており、テーブル間の連携などで
データベースシステムが成立しています。このようにデータの関係性を反映し
た デ ー タ ベ ー ス シ ス テ ム を、**RDBMS**（Relational Database Management
System）と呼びます。

■ 用途によって複数のテーブルを作成し使い分ける

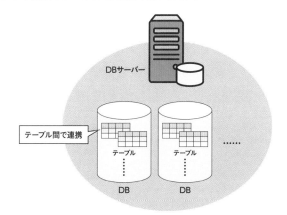

9

Webアプリケーション

各テーブルは表計算ソフトと同じように、行と列で構成されています。たとえば、商品データをデータベースに登録する場合は、1商品を1行で管理し、商品の価格や個数などの属性は列で管理します。

■ データベースのレコード（行）・カラム（列）

商品コード	商品名	価格	個数
A01	商品A	105	249
B04	商品B	219	452
C12	商品C	158	178

レコード（または行）

カラム（または列）

● データベース言語SQL

データベースシステムでは、行を**レコード**、列を**カラム**と呼びます。1データ登録されるごとにレコードが追加され、データの属性はそれぞれのカラムに登録されます。

データベースシステムは、登録されたレコードから任意の条件でデータを取り出すことができます。たとえば、商品データの場合は、商品名で検索したり、価格や在庫数で条件が一致したものを取り出したりします。その際に利用される、データの操作や定義を行うためのデータベース言語を**SQL**（Structured Query Language）と呼びます。

```
SELECT * FROM USERS  WHERE ID = 1;
```

◎ 主なRDBMS

　RDBMSには非常に多くの種類がリリースされています。無償で使用できるオープンソフトウェアの主なRDBMSには、以下のものがあります。

- ・MySQL
- ・MariaDB
- ・PostgreSQL

　利用にライセンスフィーが必要なベンダー製の主なRDBMSには、以下のものがあります。

- ・Oracle
- ・IBM Db2
- ・Microsoft SQL Server

　これらは同じRDBMSに分類されますが、機能やデータの管理・保存方法などや、使用できるSQL構文などに多少の違いがあります。

■ MySQL

⦿ NoSQL

先ほど解説したRDBMS以外にも **NoSQL** と呼ばれるデータベースが利用される機会も多くなっています。

NoSQLには、**ドキュメント型**、**グラフ型**、**キーバリュー型 (Key Value Store、KVS)**、**カラム型 (列指向型)** など、データモデルによってさまざまな種類があります。この中でも特に全データをメモリー上で管理し、超高速検索と登録が可能なキーバリュー型は多くのシステムで利用されています。

WebアプリケーションにRDBMSを利用するのか、NoSQLを利用するのかは、開発のしやすさ、パフォーマンのスケーラビリティや可用性、耐障害性などを考慮し、そのシステムに合ったものを選択します。

■ キーバリュー型データベース

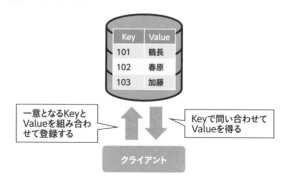

242

03 MVCアーキテクチャー

Webアプリケーション開発の方法を体系化したデザインパターンの中でも、特によく使われるMVCアーキテクチャーを中心に、デザインパターンについて解説していきます。

● MVCアーキテクチャー

Webアプリケーションの役割を見てみると、主に3種類の働きをしていることがわかります。

①ブラウザーからリクエストを受け取って処理内容を決定する
②データベースと接続して処理内容に基づきデータ連携を行う
③データベースから抽出したデータをもとにHTMLドキュメントを作成する

これらの役割分割は大変重要な概念です。Webアプリケーションのデザインパターンでは、①を**Controller**、②を**Model**、③を**View**として定義し、それぞれの頭文字をとった「**MVCアーキテクチャー**」がよく使われています。
MVCアーキテクチャーの各機能は、以下のような役割を担っています。

・Controllerは、クライアントのブラウザーから送信されたデータを解釈し、Moclelにデータを渡す
・Modelは、データベースと連携して処理を行い、Modelの状態を更新する
・Moclelの処理が終わると、ControllerはViewに対して処理を指示し、ViewはModelの状態を取得してHTMLドキュメントを作成し、ブラウザーにHTMLドキュメントを返す

■ MVCアーキテクチャー

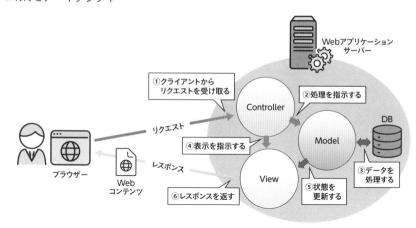

　MVCアーキテクチャーに基づいて、Webアプリケーションを設計することで、各機能を**モジュール化（部品化）**することができます。これによって、役割ごとに何を行うかが明確になり、各モジュールごとに開発工程を分けたり、分担して作業することが可能になります。

　また仕様変更にも柔軟に対応でき、障害が発生した場合は、原因の特定するための切り分けも容易になります。

　工業製品が複数のパーツに分けて作られているように、Webアプリケーションも役割に応じてモジュール化することがデザインパターンの基本です。

● その他のアーキテクチャー

MVCアーキテクチャーは、Webアプリケーションにおける主なアーキテクチャーですが、最近はModelとViewを仲介する**Presenter**や**ModelView**などのモジュールを取り入れた**MVP**（Model・View・Presenter）、**MVVM**（Model・View・ViewModel）などのアーキテクチャーもWebアプリケーションでよく採用されています。

■ MVPアーキテクチャー

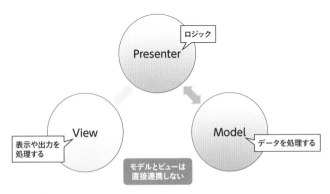

■ MVVMアーキテクチャー

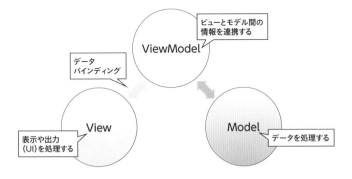

245

04 Web アプリケーション フレームワーク

Webアプリケーション開発には多くの知識と技術が必要です。開発規模が大きくなるほど開発工数も膨らみます。そこで開発のスピードや効率を向上させるためには、Webアプリケーションフレームワークを利用します。

● Webアプリケーションフレームワークとは

Webアプリケーションフレームワーク（以下フレームワーク）とは、Webアプリケーション開発において、ひんぱんに使用する機能をライブラリーにしたものや、共通性の高い処理内容をパッケージ化してまとめたものです。

　リクエスト処理、データベースとの連携、レスポンスの生成など、Webアプリケーション開発に必要な機能を容易に扱えるようになります。そのため、フレームワークを利用したほうがイチからコードを書くよりも、開発効率が格段に向上します。

■ Webアプリケーションフレームワークの役割

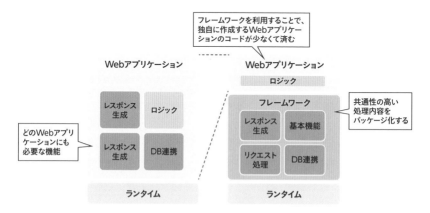

● フレームワークの基本機能

Webアプリケーションの基本機能は、クライアントからリクエストを受け取り、データベースからデータを読み取ってWebコンテンツを作成し、それをレスポンスとしてクライアントに返すことです。この基本機能をベースに、個々のWebアプリケーションに必要な機能を加えていきます。

たとえばユーザー認証（サインアップ、サインイン、サインアウト）、管理者用画面、フォーム、ファイルのアップロードなど、Webアプリケーションでよく使われる機能も、フレームワークで用意されたものを利用することで、開発工数やコストを軽減することが可能です。

フレームワークの設定ファイルを編集するだけで、簡易なWebアプリケーションをすぐに開発できます。データベースサーバーに接続してSQLを発行するなどの連携も可能で、データベースとの接続・再接続・切断などのコネクション管理もフレームワークに任せることができます。

また開発工数やコストの軽減だけでなく、間違いが少なくなるため、Webアプリケーションの品質が向上するというメリットもあります。

● 主なフレームワーク

プログラミング言語の**Java**は、サーバーサイド向けの**Servlet**や**JSP**が開発され、フレームワークの**Struts**が登場したことで、エンタープライズ分野で大きなシェアを獲得しました。またスクリプト言語のRubyは**Ruby on rails**というフレームワークが登場したことで、さらに注目されるようになりました。

■ 主なフレームワーク

05 CMS

Webサイトのコンテンツ作成には、HTMLやCSSの知識が欠かせませんが、CMS
を利用することで、比較的容易にコンテンツの作成・更新などの作業ができます。

● CMSとは

　すべて自分でWebサイトを立ち上げ、日々更新していくには、Webサーバー
の管理からHTMLドキュメントの知識など、あらゆるノウハウを必要な上、手
間もかかるのでたいへんです。

　このような場合は**CMS**（Contents Management System）を導入することで、
比較的容易にコンテンツの作成や更新が可能になります。

　CMSは、Webコンテンツを構成するテキストや画像、レイアウト情報など
を一元管理し、Webサイトの更新を可能にしたシステムです。通常はWebサー
バーにCMSをインストールして、Webサイト管理者はブラウザー上のメニュー
でWebコンテンツを管理します。

　CMSには、デザインパターンが定義された**テンプレート**が用意されていま
す。新しいWebコンテンツを作成する際は、自身の好みのテンプレートを選び、
あとはヘッダーやフッター、メニューや本文テキストなどを修正するだけで、
オリジナルのWebコンテンツを作成することができます。

■ だれでもWebコンテンツを作成できるCMS

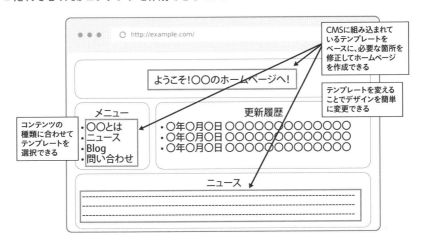

CMSは、無償から有償まで数多くの製品がリリースされています。その中でも**WordPress**が有名で、W3techの調査によると2021年8月現在、60％以上のシェアを占めています。

● CMSのメリット

CMSは、特別な知識が無くてもWebサイトの作成・管理が行えるという以外にも多くのメリットがあります。

CMSでは、テンプレートを使用することによって、サイトのデザインに一貫性を持たせることができます。Webコンテンツの更新作業を複数人で行うと、担当者ごとにレイアウトやデザインがバラバラになりがちです。テンプレートを使えば、このような差異を防ぐことができ、Webページに統一感を持たせることができます。

Webサイトには欠かせない、**グローバルナビゲーション**や**ローカルナビゲーション**もCMSが自動的に生成します。

グローバルナビゲーションとは、Webコンテンツを階層化した際に最上位階層をメニュー化したものです。どのWebページを開いても決まった場所、決まった並びで表示されるのが一般的です。またグローバルナビゲーションで

選択された階層内での移動を可能にするものがローカルナビゲーションです。

　CMSを使わずにWebサイトを構築すると、Webページを追加するたびに、手動でグローバルナビゲーションやローカルナビゲーションを修正する必要があり、修正を忘れるとリンク切れが発生します。CMSを利用すれば、このような面倒な作業が必要ありません。またユーザーがWebサイト内でどの階層にいるのか、その位置を示す**パンくずリスト**も自動的に生成されます。

■ グローバルナビゲーション・ローカルナビゲーション・パンくずリスト

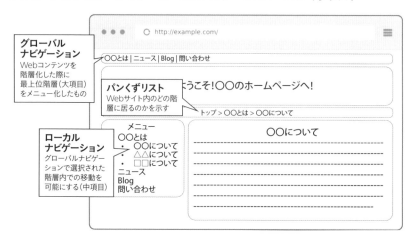

　CMSで作成されたWebサイトの構造は、GoogleやYahoo!などの検索サイトで推奨されているWebサイトの構造にならっているため、**SEO対策**にも役立ちます。

　加えてCMSのアクセス解析機能を使えば、ユーザーがどのWebページを閲覧して、どのようなアクションを起こしたのかも容易にわかるため、**マーケティングツール**としても活用できます。

　他にもユーザーに応じて**Webページのレイアウトを自動的に変更**したり、パソコンやスマートフォンなど見ている**デバイスによって最適なWebページを自動的に生成**したりするなど、CMSには多くのメリットがあります。

索引　Index

A

ALPN方式 122
Amazon Web Services 180
API 222
ARP 47
ARPANET 14
ARPテーブル 48
ARPリクエスト 47
ARPリプライ 47

C

Cache-Controlヘッダー 164
CDN 174
CMS 248
Controller 243
CR 68
CSRファイル 107
CSS .... 19、194、200

D

DAD 44
DELETEメソッド 57
DNAT 42
DNS 49
Docker Hub 186
Dockerfile 185
Dockerイメージ 185
DOCTYPEスイッチ 196
DoS攻撃 91

E

Etagヘッダー 164

F

FaaS 183
Frameset DTD 198

G

GETメソッド 57
Google Cloud Platform 180

H

HOSTSファイル 49
HPACK 124
HTML 22
HTML5 216
HTMLタグ 190
HTMLファイル 19
HTTP .... 21、54
HTTP/2 117
HTTP/3 59
HTTPbis 117
HTTPS 92
HTTPキープアライブ 83
HTTPヘッダー 123
HTTPメッセージ 67
HTTPリクエスト 61
HTTPレスポンス 61

I

IaaS 179
IETF 27
IP 33
IPv4アドレス 39
IPv6アドレス 43
IPマスカレード 42

J

JSON 211

JSP 247

K

Kubernetes 186

L

L7スイッチ 173

LF 68

M

MACアドレス 32

Microsoft Azure 180

Model 243

ModelView 245

Mosaic 17

MVCアーキテクチャ 243

MVP 245

MVVM 245

N

NAPT 42

NAT .... 42、229

NATトラバーサル 229

NoSQL 242

O

OSI参照モデル 30

P

P2P通信 228

PaaS 181

POSTメソッド 57

Presenter 245

Punycode 146

Q

PUTメソッド 57

Q

QRコード 149

QUIC 59

R

RDBMS.......................................236、239

REST API 209

Ruby on Rails 247

S

SaaS 181

SEO .... 151、221

Servlet 247

SNAT...42

SPDY 117

SQL 240

SSL ....92、97

Strict DTD..197

Struts 247

T

TCP..35

TCP head-of-line ブロッキング 130

TCP/IP 15

three.js...227

TLS ....92、97

TLS/SSLハンドシェイク.......................100

Transitional DTD 197

U

UDP 38

URI..134

URL .... 19、21、132

URLエンコード 145

URLマッピング 161

URN...134

V

Viaヘッダー 158
View...243

W

W3C...27
Web API..12
Web Audio API 224
WebGL API 226
WebRTC 228
WebSocket 230
Webアクセレレーター 166
Webアプリケーション
フレームワーク ....236、246
Web技術...11
WWW..16

X

XML 207

あ行

圧縮転送 85
アップグレード方式 122
イーサネット 31
一般ヘッダー ....74、81
インターネット 13
インターフェイスID...............................44
インライン要素 195
ウェルノウンポート 36
エスケープ文字 139
エニーキャストアドレス 46
エラー訂正機能 35
エンティティヘッダー.....................75、81
オーソリティ 137

オクテット 40
重み付け方式 169
オリジンサーバー ....158、176

か行

改ざん 113
開始タグ 190
仮想化技術..177
仮想マシン..177
カラム...240
カラム型..242
キーバリュー型 242
キャッシュサーバー 176
共通鍵暗号方式 98
共有型キャッシュ 162
クエリ...138
クッキー 66
クライアントサイド 205
クライアントサイドキャッシング........162
クラウドサービス 178
グラフ型..242
グローバルIPアドレス 42
グローバルナビゲーション 249
クロスプラットフォーム 217
ゲストOS...177
公開鍵...98
公開鍵暗号方式 98
互換モード..196
コンテナ型..177
コンテナ型仮想化技術..........................184
コンテンツカテゴリー..........................195
コンテンツスイッチング方式...............172

さ行

サーバーサイド 205
サーバーサイドキャッシング...............165

サーバー証明書 ....95、101
サーバープッシュ ....126、230
サーバーレスアーキテクチャ 182
最少コネクション方式...........................171
最少トラフィック方式 171
最速応答時間方式..................................171
シーケンス..38
自己署名 103
自己発行 103
持続的接続..83
終了タグ 190
常時HTTP化 100
常時SSL/TLS暗号通信...........................127
スキーム 136
スケールアウト 155
スケールアップ 154
スター型 31
スタイルシート 200
ステータスコード 77
ステータスライン 77
ステートフルプロトコル 65
ステートレス性......................................64
ステートレスプロトコル 65
ストリーム..119
ストリーム制御 125
静的コンテンツ 204
セキュリティ 90
セクション..219
セッション変数 66
絶対URL..144
絶対パス 142
専用ソフトウェア..................................12
相対URL..144
相対パス 143

た行

代理 157
ダイレクト方式 123
多重リクエスト 116
短縮URL..147
中間CA証明書 113
中間者攻撃...91
データベース 236
テキストベースプロトコル 55
テンプレート 248
到達性..34
盗聴...91
動的コンテンツ 205
ドキュメント型 242
匿名アドレス...44
ドメインツリー......................................52
ドメイン名...50

な行

なりすまし...91
認証局...96、102
ネットワークアドレス...........................40
ネットワーク部 40
ネットワークプレフィックス.................44

は行

パーサー 209
パーセントエンコーディング...............145
バイナリーフレーム..............................120
バイナリーベースプロトコル.................55
ハイパーテキスト..................................16
ハイパーバイザー型..............................177
ハイパーリンク 188
パイプライン処理..................................84
パス ....138、142
バス型..31

パブリック認証局 102
パンくずリスト 250
非共有型キャッシュ 162
秘密鍵 .... 98、106
標準化 27
標準モード 196
非予約文字 140
フォワードプロキシ .... 160、166
プライベートIPアドレス 42
プライベート認証局 102
ブラウザー 11
フラグメント 138
フルスタックフレームワーク 237
フレーム .... 32、121
ブロードキャスト 32
ブロードキャストアドレス 41
プロキシサーバー 157
ブロックレベル要素 195
プロトコル .... 15、26
プロトコルネゴシエーション 122
分割転送 87
文書型宣言 192
ヘッダー .... 72、79、193
ヘルスチェック機能 172
ポート番号 35
ホストOS 177
ホスト部 40
ボディ .... 75、81、195

ま行

マークアップ言語 189
マイクロサービス 184
マイクロフレームワーク 237
マルチキャストアドレス 46
メソッド 70
メッセージ認証 113

文字長 141
モジュール化 244

や行

優先順位方式 169
ユニキャストアドレス 46
予約文字 140
ラウンドロビン方式 169
リクエストURL 70
リクエストメッセージ 67
リクエストライン 69
リダイレクト 93
リバースプロキシ .... 161、166
ルーター 33
ルーティングテーブル 33
ルート 133
ルート証明書 .... 102、113
ルート認証局 113
ループバックアドレス 41
ルールセット 201
レコード 240
レジューム 88
レスポンスメッセージ 67
レンジリクエスト 88
レンダリング 20
レンダリングエンジン .... 20、196
レンダリングモード 199
ローカルナビゲーション 249
ロードバランサー 167

わ行

ワイルドカード証明書 120
ワンタイムURL 148
ワンラインプロトコル 57

┃著者プロフィール┃

鶴長 鎮一（つるなが しんいち）
大学院在学中からISPの立ち上げに携わり、現在はソフトバンク（株）に勤務。突出した知識やスキルを持つ第一人者を認定した「Technical Meister」に任命される。サイバー大学での講師をはじめ、AIインキュベーションの「DEEPCORE」でのテクニカルディレクターなど、幅広い業務に従事。Software Design（技術評論社）や日経Linuxへの寄稿をはじめ、著書に「サーバ構築の実際がわかる Apache [実践] 運用／管理（技術評論社）」、「Nginx ポケットリファレンス（技術評論社）」、「Jetson Nano超入門（ソーテック社）」ほか。

- 装丁 ──────── 井上新八
- 本文デザイン ──── BUCH+
- DTP／本文イラスト── 安達恵美子
- 編集 ──────── 春原正彦

お問い合わせについて

- ご質問は本書に記載されている内容に関するものに限定させていただきます。本書の内容と関係のないご質問には一切お答えできませんので、あらかじめご了承ください。
- 電話でのご質問は一切受け付けておりませんので、FAXまたは書面にて下記までお送りください。また、ご質問の際には書名と該当ページ、返信先を明記してくださいますようお願いいたします。
- お送り頂いたご質問には、できる限り迅速にお答えできるよう努力いたしておりますが、お答えするまでに時間がかかる場合がございます。また、回答の期日をご指定いただいた場合でも、ご希望にお応えできるとは限りませんので、あらかじめご了承ください。
- ご質問の際に記載された個人情報は、ご質問への回答以外の目的には使用しません。また、回答後は速やかに破棄いたします。

図解即戦力
Web技術が
これ1冊でしっかりわかる教科書

2021年10月6日 初版 第1刷発行

著 者　　鶴長鎮一
発行者　　片岡巌
発行所　　株式会社技術評論社
　　　　　東京都新宿区市谷左内町21-13
　　　　　電話　　　03-3513-6150　販売促進部
　　　　　　　　　　03-3513-6160　書籍編集部
印刷／製本　株式会社加藤文明社

問い合わせ先
〒 162-0846
東京都新宿区市谷左内町 21-13
株式会社技術評論社 書籍編集部
「図解即戦力　Web技術がこれ1冊でしっかりわかる教科書」係
FAX：03-3513-6167
技術評論社ホームページ
https://book.gihyo.jp/116

ISBN978-4-297-12309-3 C3055　　　　Printed in Japan